催眠术与
法国启蒙运动的
终结

Robert Darnton

［美］ 罗伯特·达恩顿 著

周小进 译

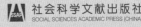

社会科学文献出版社
SOCIAL SCIENCES ACADEMIC PRESS (CHINA)

中文版自序

　　这虽是一本小书，讨论的却是一个大问题：大革命前夕，法国人是如何看待世界的？对此，我不能妄称本书提供了明确的答案。不过，如果中国读者想要了解几个世纪前地球另一端那种奇异的世界观，我希望这本书能激起你们的兴趣。

　　1780 年代，催眠术——梅斯梅尔追随者（mesmerists）一般用以指称其理论和实践的"动物磁力学"，是最令法国人着迷的话题。他们不去想即将到来的大革命，实际上 1788 年之前谁也不曾料到会发生大革命，而是热烈地争论某种无形液体的存在。这种液体存在于一切事物之中，若以合适的方法进行操控，可用来治愈疾病。这种观点在我们现在看来也许觉得离奇，但符合启蒙时代人们对自然界的宏观看法。当时的欧洲人认为，各种各样的无形力量在世界上运行，并可由人类掌控，如电、磁及驱动第一次热气球飞行的燃素气（phlogisticated air，即氢气）。人类既然已经征服了空气，为什么不能征服疾病呢？拙作关于催眠术的论证揭示了人们对于理性及运用理性解读自然界的各种深层态度。

　　当然，诸多理论都想在法国人的世界观中占据一席之地，催眠术只是其中一种。将催眠术作为研究对象，其价值在于催眠术产生了大量文献，其中不少面向普罗大众，因而引发的论争能够揭示当时的普通民众是如何看待现实的，也能够体现如何对通俗科学加以改造以传递激进的政治观点。1789 年大革命突然爆发，原因很多，催眠术亦是其中之一。

世界观、集体立场和普遍心态（mentalités）都飘忽不定，难以进行历史分析。这本书只是一个小范围的尝试，旨在用经验的方法对它们进行研究，让生活在另外一个观念世界中的人能够理解。这本书的中文版即将面世，让我感到欣喜和荣幸。当前，新冠肺炎疫情使疾病和疾病的治疗成为日常话题，已远远超出医药的范围，这本书虽出版于 50 多年前，但我仍希望能对今天的读者有所裨益。

2020 年 4 月 20 日

目　录

第一章　催眠术与通俗科学／1

第二章　催眠术运动／44

第三章　催眠术的激进特征／80

第四章　作为一种激进政治理论的催眠术／106

第五章　从梅斯梅尔到雨果／125

结　语／162

文献说明／169

附　录／176

译后记／244

第一章

催眠术与通俗科学

在卢梭大革命前的作品中，《社会契约论》最不受欢迎。①该书的惨败给试图寻找 1780 年代激进精神的学者提出了一个问题：既然那个年代最伟大的政治著作都不能引起很多受过教育的法国人的兴趣，那么什么样的激进观点才真正合乎他们的口味呢？有一种观点能投其所好，却出人意料地隐藏在动物磁力学（animal magnetism）的名下，那就是催眠术（mesmerism）。在大革命前的十年中，催眠术风行一时。一开始，它与政治没有任何关系；后来在尼古拉·贝尔加斯（Nicolas Bergasse）、雅克－皮埃尔·布里索（Jacques-Pierre Brissot）等激进催眠师的手中成为伪装的政治理论，与卢梭的作品非常相似。因此，催眠术运动可以看作一个实例，能够说明政治如何在低俗的层面上与流行时尚缠结在一起，成为激进作者的一项事业，既能引起读者的注意，又能避开当局的审查。要弄清楚催眠术中的政

① Daniel Mornet, "L'Influence de J. -J. Rousseau au XVIIIe siècle," *Annales de la Société Jean-Jacques Rousseau*, 1912, pp. 44 – 45; Robert Derathé, " Les réfutations du *Contrat Social* au XVIIIe siècle," *Annales de la Société Jean-Jacques Rousseau*, 1950 – 1952, pp. 7 – 12.

治含义，就必须考察梅斯梅尔的理论与当时其他风尚的关系、追踪催眠术运动发展的全过程、思考各催眠团体的性质。只有这样，才有可能透过吵吵嚷嚷的宣传手册、回忆录和无人问津的科学论文，拨开重重遮蔽，发掘出关于大革命前激进心态的新观点来。

1778 年 2 月，弗朗茨·安东·梅斯梅尔（Franz Anton Mesmer）来到巴黎，宣布自己发现了一种极细的液体，能够在一切动物体内流动。梅斯梅尔并没有见过他所说的液体，他认为这种液体应该是作为引力的媒介存在的，因为星球不能在真空中相互吸引。梅斯梅尔认为这种原初的"自然之力"充斥着整个宇宙，而他可以将其带到地球上，从而为巴黎人提供热、光、电、磁。他还大肆宣扬这种液体在治疗疾病方面的作用。他认为，人体类似于一块磁铁，人之所以得病，就是因为这种液体在体内的流动受到了"阻碍"。人可以通过"梅斯梅尔术"来控制和强化这种液体的流动，也就是通过按摩人体的"磁极"来克服阻碍，从而达到某种"危象"（crisis），常表现为痉挛，最终恢复身体健康，也就是恢复人与自然的"和谐"。

梅斯梅尔借助了 18 世纪崇拜自然的风尚，但令他的观点更加有说服力的是，他能够将他所说的液体付诸实践。他让病人进入癫痫似的痉挛状态，或者像梦游者一样神情恍惚，从而治愈他们从失明到脾大引起的倦怠症等各种疾病。梅斯梅尔及其追随者的表演很吸引人：他们坐着，将病人的双膝夹在他们的双膝之间，用指头抚摸病人全身，搜寻小磁体的磁极，人体这块完整的大磁体就是由这些小磁体构成的。梅斯梅尔术需要技巧，因为小磁体总是不停地变换位置。与病人建立"联系"（rapport）的最好办法就是依靠稳定的磁体，比如指头和鼻子上的磁体（梅斯梅尔禁止病人吸鼻烟，就是担心会破坏鼻子的磁平衡）。同时要避开一些区域，比如位于头顶的北磁极，这是用来接收来自星星的梅斯梅尔液的；还有位于脚底的南磁极，它可以自然而然地接到大地的磁力。大多数催眠师专注于人体中央，即季肋区（hypochondria），就是上腹部两侧的区域，梅斯梅尔认为这是感知中枢所在的位置。这种做法引起了关于性磁力的传闻，但人们并不因此对患忧郁症者（hypochondriacs）说三道四，因为患忧郁症者磁液失调值得同情，与受人嘲讽的"假想病人"（malades imaginaires）不同。1778 年的《法国学术辞典》（*Dictionnaire de l'Académie Françoise*）解释道，患有"季肋区疾病"的人可能"奇怪而不够理智"，独自一人时会情绪低落。人们的传闻还因为梅斯梅尔所用的设备而更加离奇，尤其是他专为猛烈痉挛者设计的铺有垫褥的"危象室"，还有他那著名的橡木桶。橡木桶里放满了铁屑和催眠液体，装在瓶子里，像轮轴一样摆放。它们能储藏磁液，并通过可移动的铁棒传输磁液，病人则把铁棒放在生病的身体部位上。他们围坐在木桶四周，身上的磁液可以互相传输，因为有一条绳子围在所有病人身上，而且病人拇指和食指相连，形成"链条"，与电路相似。梅斯梅尔也提供便携式木桶，病人可以带回家中，私下用梅斯梅尔疗法"洗个澡"。不过一般情况下，他推荐集体治疗，因为磁液会随着每个人增强，最后将具备超常的巨大力量在所有病人之间流动。在户外治疗时，梅斯梅尔经常先在一棵树上施行"梅斯梅尔术"，然后用绳子把病人系在树上，病人围在树的四周，如同花环，绳结一定不能有，因为会阻碍磁液流动的通畅。梅斯梅尔室内诊所的一切陈设都旨在让病人达到"危象"。厚厚的地毯，墙上装饰着离奇的天文星相图案，窗帘拉起来，把病人与外面的世界隔开。诊所里通常肃穆沉寂，偶尔有病人说话、叫喊或者爆发出歇斯底里的大笑，紧闭的窗帘能减弱他们的声音。诊所内的镜子经过精心安排，明亮的光线落在病人身上，让他不停地感受到一阵阵磁液流过。管乐器、羽管键琴或者由梅斯梅尔引入法国的玻璃质地的"碗琴"演奏着轻柔的音乐，将一波波更强的磁液送入病人的灵魂。病人常常会崩溃，在地板上抽搐，催眠助手安托万（Antoine）就会把他们送入"危象室"；如果病人的脊柱还没有刺痛感，双手不战栗，季肋区不抖动，梅斯梅尔本人就会出场。他穿着紫色的塔夫绸长袍，用双手、威严的眼神和磁棒将磁液注入病人体内。并非所有"危象"都有剧烈反应。有些人会进入酣睡状态，有些在睡眠中还与死去或遥远的神灵发生交流，他们通过磁液直接向梦游者的第六感发出信息，第六感对于现在所谓的超感官感知特别敏感。几百名法国人有过这种神奇的经历，但几乎没人完全明白，因为梅斯梅尔绝不透露有关其学说最关键的秘密。[①]

梅斯梅尔的催眠术在今天看来似乎有些荒唐，史学家对之不予理睬，却没有充分根据，因为催眠术完美地体现了 1780 年代受过教育的法国人的兴趣。科学令梅斯梅尔时代的人们着迷，让他们知道四周都是看不见的神奇力量。牛顿发现的万有引力经过伏尔泰的努力渐为人们理解；避雷针成了潮流，加上巴黎各博物馆、演讲厅举行了多场受人欢迎的展示会，富兰克林的电一时尽人皆知；夏尔球（Charlières）和蒙戈尔菲耶球（Montgolfières）中的神奇气体于 1783 年第一次将人举到空中，震惊了整个欧洲。梅斯梅尔所说的看不见的磁液虽然神奇，却也不过如此。谁能说与当时的其他发现相比，它就更加不真实

----

① 梅斯梅尔有 27 条关于"动物磁力"的基本主张，本书"附录 1"中收录了其中一部分。当时解释"梅斯梅尔术"理论与实践的小册子多不胜数，其中最好的有以下这些：F. A. Mesmer, *Mémoire sur la découverte du magnéstisme animal* (Geneva, 1779)；*Aphorismes de M. Mesmer, dictés à l'assemblée de ses élèves....* （Paris：Caullet de Veaumorel, 1785）；蒙茹瓦（Galart de Montjoie）于 1784 年 2 ~ 3 月在《巴黎日报》（*Journal de Paris*）上发表的一系列信件（尤其是 2 月 16 日）。蒙茹瓦是梅斯梅尔第一位主要追随者夏尔·德隆（Charles Deslon）的学生。关于梅斯梅尔主张的神秘倾向，可参见 A. M. J. De Chastenet, Marquis de Puységur, *Mémoires pour servir à l'histoire et à l'établissement du magnétisme animal* (1784)；Tardy de Montravel, *Essai sur la Théorie du somnambulisme magnétique* (London, 1785). 塔迪后来写了数百页的小册子，讲述梦游者所见的幻象，皆以此书为本。J. -H. -D. Petetin, *Mémoire sur la découverte des phénomènes que présentent la catalépsie et le somnambulisme...* (1787)；*Extrait des registres de la Société de l'Harmonie de France du 4 janvier 1787.*

图 1-1　梅斯梅尔的宴会

说明：此图是对梅斯梅尔疗法较为正面的表现，强调的是其总体氛围的"和谐"、身体与道德的一致以及自然的法则。梅斯梅尔主义者认为和谐就是健康，所以用音乐来治疗疾病。健康，从这个词最宽泛的意义上讲，就是他们的最高价值。因此，画面中间的那些孩子是在接受教育，而不是在接受疾病治疗：幸好他们很早就接触了"自然之元素"，他们长大可以成为自然的人。原图下方文字的译文：奥地利维也纳大学医学博士梅斯梅尔先生是动物磁力唯一的发明者。该方法能治愈多种病痛（包括水肿、瘫痪、痛风、坏血病、失明、继发性耳聋等），主要是运用由梅斯梅尔先生加以引导的一种液体或元素，他有时候用自己的手指，有时候用其他人随意使用的铁棒来引导求助者的液体。他还使用一个木桶，桶上连有绳子，病人把绳子绕在身上；还有铁棒，病人把铁棒放在胃、肝或脾的中央。一般说来是放在身体的病痛部位附近。病人，尤其是女性病人会经历抽搐或危象从而得治。梅斯梅尔治疗师（就是梅斯梅尔向他们透露过秘密的那些人，总数超过一百人，包括宫廷中一些最显赫的贵族）把手放在病痛部位，按揉一会儿。这一做法能使绳子和铁棒更快起效。每隔一天，会有一个为穷人准备的桶。在后堂，乐师弹奏音乐，有可能让病人高兴起来。到这位著名医生的家里能看到各种年龄、各种状态的男男女女，还有蓝带骑士、工匠、医生、外科医师。看着出身高贵、身份显赫的人们带着温柔的关切，将梅斯梅尔疗法施于孩子、老人，尤其是贫穷的人，可真是个能打动敏感灵魂的景象。

图 1 – 2　梅斯梅尔的宴会

说明：这是另一个梅斯梅尔通灵会的场景，表现了梅斯梅尔疗法时髦、过热的温情。右边的女士正在经历一次危象。背景里的那位女士刚刚抽搐过，正被搬进铺有垫褥的危象间。

呢？比如拉瓦锡当时正努力从宇宙获取燃素（phlogiston），或者他显然想用来取代燃素的热质（caloric），或者以太（the ether）、"动物热"（animal heat）、"内模"（inner mold）、"有机分子"（organic molecules）、火灵（fire soul），以及其他一些虚构的力量，隐藏在巴伊（Bailly）、布丰（Buffon）、欧勒（Euler）、拉普拉斯（La Place）、马克尔（Macquer）等令人尊敬的 18 世纪科学家已经过时的论文里，像鬼魂一样到处出没。法国人可以在《百科全书》（*Encyclopédie*）中"火""电"等条目下读到各种液体的描述，与梅斯梅尔所说的液体非常相似。如果他们希望从更高的权威那儿获取灵感，可以去读一读牛顿在《原理》（*Principia*，1718 年版）最后那个精彩段落中描述的"某种最微细的精气的事情，它渗透并隐含在一切大物体之中"①，或者他在《光学》（*Opticks*）中记录的后期试验②。

这位 18 世纪最伟大的科学家对神秘的"力量"和"德行"进行了大胆的猜测，他的读者可能将它们与后来的梅斯梅尔液联系起来。不仅如此，牛顿还对一位名叫博里（Bory）的离奇医生很感兴趣（"我想他经常穿着绿色的衣服"③），博里医生则可看作梅斯梅尔的早期化身。牛顿最早的一位反对者贝克莱（Berkeley）有一个关于某种生命液体的想法，这种液体经过常青树木的过滤可产生一种焦油水，

---

① 采用王克迪译本。——译者注。

② 塞尔旺（A. J. M. Servan）有一封没有日期和地址的书信［现藏法国格勒诺布尔市立图书馆（Bibliothèque Municipale, Grenoble），手稿 N1761］中提到，牛顿在《光学》中的猜测和他与罗伯特·波义耳（Robert Boyle）通信时相比还是比较谨慎的。塞尔旺在信中提到，牛顿《光学》中的猜测影响了催眠师。"为什么不立刻回到牛顿著作中研究过的推测上呢？他承认存在一种介质，它比空气还要容易渗透，可以渗透进最稠密的物体。这种介质通过自身各个部分的推动力及由此产生的振动形成大自然、火、电，甚至我们感觉这些奇异现象的手段。"关于 18 世纪科学的作品，包括本引文的出处，可参见本书的"文献说明"。

③ Newton to Francis Aston, May 18, 1669, quoted in L. T. More, *Isaac Newton: A Biography* (New York, 1934), p. 51.

能治百病。实际上，那么多的哲学家提出了那么多的液体，足以让 18 世纪任何一位读者头昏脑涨。那是个"系统"的世纪，也是个经验主义和实验的世纪。"科学家"往往是神职人员，"科学"常常被称作哲学。"科学家"沿着"存在的巨链"（The Great Chain of Being）向上追求"科学"，直到最后超出了物理学，到达形而上学和神学（the Supreme Being）那儿。普吕什神父（Abbé Pluche）是最著名的早期科学信徒之一，认为根本不需要弄懂重力法则就能解释潮汐。他直接找出了目的论上的根源——上帝帮助船只进出港口的欲望。牛顿本人的科学努力包括研究炼金术、写作《启示录》及关于雅各布·勃姆（Jacob Boehme）的作品。现在我们认为的科学方法，牛顿当时的读者是很难把握的，所以无法从他关于光和重力的理论中剔除掉神秘主义的东西。他们常把重力当作一种神奇的力量，也许类似于宇宙的电灵魂，或者在心脏中燃烧的生命之火，那是哈维和笛卡尔的看法，更近一点的理论家则认为那是由血液摩擦动脉产生的。在拉瓦锡奠定现代化学的基础之前，科学家常常指望用几条原则就能够解释一切生命过程。一旦他们相信自己找到了自然法则的钥匙，常常会兴致勃勃地陷入虚构。布丰（Georges de Buffon）的做法并没有毁掉他作为科学家的声誉，但贝尔纳丹·德·圣皮埃尔（Bernardin de Saint-Pierre，他说自然让瓜长成一瓣一瓣的，就是为了让我们可以在家里分着吃）现在就只是一位文学史上的人物，虽然在 18 世纪法国人的眼中他也是一位科学家。他们读到的是事实，而他们的子孙后代读到的却是虚构。

18 世纪科学与神学日渐分离，但没能让科学脱离虚构。因为如果不调动想象力，科学家通过显微镜、望远镜、莱顿瓶（Leyden jar）、化石、解剖等获得的数据无法解释甚至都不会看到。仅靠肉眼无法解开自然的密码，对美人鱼和在岩石中说话的小人进行科学观察，就清楚地说明了这一点；机器也不一定能够提高人的见解，用显微镜从驴子精子中推测成年驴子的相关报告也说明了这一点。弗朗索瓦·德·普朗塔德（François de Plantade）自称在显微镜下从人类精子中看到了一个小人，他为这个小人所画的像在 18 世纪前半期是严肃辩论的话题。尽管这是个骗局，但从先成论（preformation theory）的观点来看还是有道理的，与夏尔·博内（Charles Bonnet）认为"原初之母"（the primeval parent）中蕴含（emboîtement）一切个体的观念相比，这不见得更荒谬。胚胎渐成说（epigenesis）到 1828 年才得以证实，在此之前奇想的理论像一层面纱，遮住了科学家睁大的眼睛，让他们无法看清哺乳动物的繁殖过程。

到 18 世纪末期，有部法律词典对一件私生子案件表示了些许怀疑。一个女人自称在梦中怀上了她丈夫的孩子，而她已经有四年没见过她丈夫了。"据说艾吉梅尔（Aiguemerre）夫人做梦的时间是一个夏夜，她房间的窗户是开着的，她的床暴露在西边的窗户下，床单凌乱，西南风携带着人类胎儿的有机分子，浮在空中的胚胎使她受了孕。"① 但是，并不是每个人都敢挑战母亲想象力的力量：如果不是怀孕期间母亲的渴望在意识中投射的意象，那这个有牛肾一般脑袋的孩子又是怎么来的呢？林奈（Carl Linnaeus）用显微镜观察过一颗花粉射出精子，甚至还画了一张图。他还援引某种磁化了的微妙液体和人体生理学来进一步解释植物生命。可他只见过植物睡觉，达尔文（Erasmus Darwin）却察觉到了它们在呼吸，肌肉不自觉地动着，感受着母爱。与此同时，其他科学家正在观察岩石变大、蛤蜊生成、大地分泌出各种形态的生命。他们看到的是一个与我们今天所见截然不同的世界，并且运用从前辈那儿继承来的各种魂灵、生机、机械理论，尽最大可能理解他们所见的世界。正如布丰建议的那样，他们用"精神之眼"（l'oeil de l'esprit）观看，但那是"体系之精神"（l'esprit de système）。

在观察世界的很多体系中，催眠术与各种生机理论最相似，自帕拉塞尔苏斯（Philippus Aureolus Paracelsus）以来，各种生机理论成倍出现。实际上，梅斯梅尔的反对者几乎马上就看出了他的科学渊源。他们宣称梅斯梅尔的体系没有任何新的发现或观点，而是直接来自帕拉塞尔苏斯、J. B. 范·黑尔蒙特（J. B. van Helmont）、罗伯特·弗卢德（Robert Fludd）及威廉·马克斯威尔（William Maxwell）。他们把健康当作个

---

① Prost de Royer, *Dictionnaire de jurisprudence et des arrêts*, 7 vols. (Lyons, 1781 – 1788), Ⅱ, p. 74. 这部词典热情洋溢地肯定了催眠术（Ⅴ, pp. 226 – 227）。

体微观世界与天体宏观世界之间的一种和谐状态，涉及各种液体、人体磁性及各式各样的神秘影响力。但是，梅斯梅尔的理论看起来也与一些受人尊敬的作家的宇宙观有联系。这些作家提倡的各种液体以重力、光、火、电等熟悉的名字在宇宙间回旋。亚历山大·冯·洪堡（Alexander Von Humboldt）认为月亮可能有磁力；就在梅斯梅尔在法国运用动物磁力治愈了几百位病人之时，路易吉·加尔瓦尼（Luigi Galvani）正在意大利实验"动物电力"（animal electricity）。与此同时，诺莱神父（Abbé Nollet）和皮埃尔·贝尔托隆（Pierre Bertholon）已经发现了一种普遍的带电流体的神奇力量。有些科学家报告说，电荷能让植物生长得更快，电鳗则可以治愈痛风（一位小男孩四肢功能有些异常，每天把他放入一桶水里，水里有一只大电鳗，结果他的病好了。至于他在心理上受到过什么样的冲击，实验者没有记录下来）。梅斯梅尔将自己的治疗方法公之于众，辅以详细的实例证明，比他简短晦涩的论文更能证明他的体系。毕竟，他不是从事理论研究的（建立理论体系的工作，由他的法国追随者来完成）。他是一位探险家，驶入了液体这个未知的海域，带回的却是生命的灵药。有些人发觉梅斯梅尔的治疗方法有些江湖郎中的痕迹，但他的设备很像当时非常流行的莱顿瓶，以及关于电的权威作品中所绘的机器，比如诺莱的《经验的艺术：物理学爱好者须知》（*L'Art des expériences ou Avis aux amateurs de la physique*，1770）。这些业余爱好者常常让电荷通过梅斯梅尔那样的人"链"，并常把电当作一种神奇的药水来治病，甚至能够创造出生命来［比如一些光顾伦敦詹姆斯·格雷厄姆（James Graham）医生的受孕床的顾客］。而且，江湖郎中与传统医药之间的联合常常在法国戏剧中出现，任何崇拜莫里哀的人都会觉得梅斯梅尔的技术没有正统医生和外科理发师（barber-surgeon）的技术那么危险，那些医生牢守着对四种体液（humor）和动物元气（animal spirits）的信仰，掌握着一大堆令人生畏的疗法：通便剂、烧灼术、消肿剂、排泄剂、润湿剂、发泡剂，还有同位放血、远位放血和减损性放血。①

说催眠术在 18 世纪科学的背景下不显得荒谬，并不是认为从牛顿到拉瓦锡的科学思想都是虚构的。不过在通俗的层面上，各种离奇的世界体系如同丛林，普通读者在里面分不清方向。他怎么能够把虚构和真实分开呢？尤其是生物科学中那些一元论观点。17 世纪数学和机械论哲学家的传人没能成功地解释呼吸、生殖等过程；而 19 世纪浪漫派的先驱同样遭遇了失败，虽然他们就无法计算的内在生命活力做了令人激动的猜想。机械论者与活力论者常把失败隐藏在神奇的液体之中，它

---

① 18 世纪，医疗人员仍然使用"砷膏"（butter of arsenic），一般反对刚诞生的预防接种术，坚信放血是生产前的准备措施。当时人们对这些医疗方法的看法，可参见 J. F. Fournel, *Remontrances des malades aux médecins de la faculté de Paris*（Amsterdam，1785）；*Observations très-importantes sur les effets du magnétisme animal par M. de Bourzeis...*（Paris，1783）。当时对催眠术来源的详尽分析，可参见 M. -A. Thouret, *Recherches et doutes sur le magnétisme animal*（Paris，1784）。

们无法看到，所以能够予以特制以适应任何体系。一些有洞见的人士对这种难以捉摸的普遍情况颇为担忧。约瑟夫·普利斯特里（Joseph Priestley）激烈地捍卫看不见的、流动的燃素，但对电的普遍热情他评论道："在此可以充分发挥想象力，设想各种方式，让一种看不见的因素能够产生几乎无数种肉眼可见的效果。正因为这种因素看不见，每位哲学家都能自由地按照自己的喜好予以塑造。"拉瓦锡注意到，同一现象也存在于化学家之中："对于既看不见又感觉不到的东西，要警惕想象力的发挥，这一点非常重要。"① 1755 年，约瑟夫·布莱克（Joseph Black）称自己发现了"固定的气体"（fixed air，即二氧化碳）；接下来的 30 年里，其他科学家，尤其是亨利·卡文迪什（Henry Cavendish）和约瑟夫·普利斯特里让当时的人们眼花缭乱。他们发现了"可燃烧的"或"燃素化"的空气（氢气）、"生命空气"或"脱燃素"空气（氧气），还有很多其他神奇的东西。几个世纪以来一直在我们周围的空气中飘浮，亚里士多德和他所有的后继者都不知道。"沙龙中的人"很难把这些气体纳入其世界观，从 1784 年 4 月 30 日《巴黎日报》（*Journal de Paris*）的一篇文章中可以看出来。该篇文章报道了拉瓦锡的一次实验，现在我们知道，这次实验是对四元

---

① Joseph Priestley, *The History and Present State of Electricity with Original Experiments* (London, 1775), II, p. 16; A. L. Lavoisier, *Traité élémentaire de chimie, présenté dans un ordre nouveau, et d'après les découvertes modernes*, 3rd ed. (Paris, 1801; 1st ed., 1789), I, p. 7.

素理论致命的一击。文章中说，自从哲学发端以来，人们就一直认为水是四种基本元素之一，但拉瓦锡和默尼耶（Pierre Laplace Meusnier）刚向科学院表明，那不过是一种含有可燃烧气体和脱燃素气体的混合物。"水不是水，实际上是气，要接受这一点肯定要付出很多。"文中说道。文章下了结论："我们少了一个基本元素。"

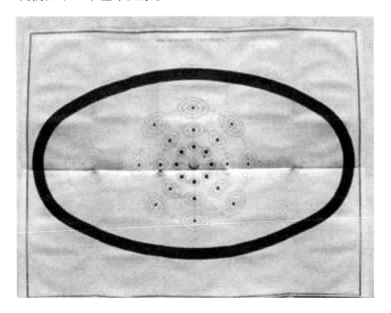

图1-3　宇宙的机制

说明：这是当时一种典型的宇宙理论。这幅图的图例这样解释卡拉的幻想："A. 宇宙的中心，整个宇宙机制的钟摆；B. B. B. 平行区域；C. C. C. 附属区域；D. D. D. 普遍体系，由大量行星或太阳组成；e. e. e. 前原子（exatoms）（巨大的天体），控制普遍体系；f. f. f. f. 这个宇宙的外壳；g. g. g. g. 四周的混沌。"标为"e"的斜线从左上角到右下角，不易分辨。资料来源：J. - L. Carra, *Nouveaux principes de physique*, vol. 1. Paris, 1781.

　　这些气体的发现的确要让《巴黎日报》的读者付出很多，因为这意味着他们必须抛开一种值得敬重地看待世界的合理方式。他们的疑惑日渐加剧，因为科学家似乎不仅仅在减少亚里士多德的基本元素，而且还在增加他们自己的元素——那些"生命"和"脱燃素"气体，还有盐、硫、水银及其他"主要元素"。从帕拉塞尔苏斯以来，这些新增的元素逐渐累积，越来越多。科学家自己同样疑惑，呼吁来一位"新的帕拉塞尔苏斯"，以创造一种"超越的"、"普遍的化学哲学"；但他们带着各式各样的宇宙理论冲进去，填补他们的发现所造成的真空，结果让人们更加糊涂。让疑惑更加严重的是，各种看不见的力量在这一真空中相互冲撞，在权威人士中产生了反作用，他们在沙龙和学院中相互抵牾；各学院试图引导"车流"通过未知的领域，却又因此招致愚昧专横的指责，同时新的科学幻想层出不穷，快得让他们来不及"绕开旧路"或"临时改道"。"过去几年内出现了那么多的体系，那么多关于宇宙的新理论，前所未有。"1781 年 12 月的《物理学刊》（*Journal de Physique*）淡淡地说道。该刊还补充了一句，说这些理论相互抵触。①

---

① 　参见韦内尔（G. F. Venel）撰写的《百科全书》"化学"（chimie）条目，*Encyclopédie, ou Dictionnaire raisonné des sciences, des arts et des métiers*, 1st ed.（Paris, 1751 - 1780），Ⅲ, pp. 409 - 410; *Journal de Physique*, December 1781, p. 503. 吉利斯皮（C. C. Gillispie）引用了韦内尔的文章，认为这个例子说明 18 世纪的科学家，特别是生物学家"浪漫地"对待 17 世纪理性、数学化的物理，参见 *The Edge of Objectivity: An Essay in the History of Scientific Ideas*（Princeton: Princeton University Press, 1960），p. 184.

　　浏览一下当时的科学期刊，就能看到当时流行很多宇宙理论。第一个人说能够通过某种有生命力的"植物力"（vegetative force）来解释生命的秘密；第二个人宣布了一种新型的静止天文学，并说他发现了"所有科学的钥匙，这是所有国家最伟大的人们长期搜寻而未曾获得的"；第三个人在牛顿的真空中填入了一种看不见的"普遍元素"，能将整个宇宙粘连在一起；第四个人推翻了重力这个"偶像"，并说牛顿把事情弄反了——太阳的燃烧实际上把行星向外推；至于牛顿的以太呢，根据第五个人的说法，有一种带电的、"动物"版本的以太从我们的身体内经过，决定了我们皮肤的颜色。连文学期刊都把科学和虚构掺杂在一起。例如，《文学年》（*Année littéraire*）就发表了一篇攻击催眠术的文章，其依据是一种关于"火成原子"（igneous atoms）和"普遍液体"（universal fluid）、与催眠术相对抗的理论，以及如下生理学观点："在人与动物体内，肺是一台带电的机器，通过其连续运动将气与火分开；火渗入血液，通过这种方式到达大脑，大脑则分配它、驱使它，将它形成动物元气。动物元气在神经中循环，造成了所有自觉和不自觉的身体运动。"[①] 这些观点并不全是凭空想象的，它们与乔治·斯塔耳（George Ernst Stahl）、赫尔曼·波尔哈夫（Herman Boerhaave）甚至拉瓦锡的观点都有联系。

----

① *Mercure de France*, January 24, 1784, p. 166, and November 20, 1784, p. 142; *Journal de Physique*, September 1781, pp. 247 – 248, October 1781, p. 268, and September 1781, p. 176; *Année Littéraire*, I (1785), pp. 279 – 280.

层出不穷的理论自然让普通读者疑惑——疑惑但并不沮丧，因为这些看不见的力有时候能产生奇迹。其中一种气体于1783年10月15日把皮拉特尔·德·罗齐耶（Pilâtre de Rozier）送到了梅斯市（Metz）的上空。人类第一次飞行的消息激发了法国人在新一轮科学热潮中的想象力。女人们戴"气球帽"，孩子们吃"气球糖"，诗人们创作了无数气球飞行赞歌，工程师们写了几十篇关于气球建造和操作的论文去参加科学院举办的各种竞赛。英雄们在全国各个城镇冒险登上气球，崇拜者们记录下他们飞行的每一个细节，因为这都是历史上伟大时刻。"飞行员"回来后，被人们簇拥着穿过城镇。男孩子争先恐后去为他们牵马；工人亲吻他们的衣服；他们的画像配上适当的赞歌，印刷出来在街上出售。从当时对他们飞行的记录来看，人们的热情至少与后人对查尔斯·林德伯格（Charles Lindberg）的飞行及第一次太空之旅的热情不相上下："那个时刻简直无法形容：女人们含着泪，普通人双手举在空中，陷入深深的沉默；乘客们在气球的围廊上探出身子，挥舞着双手，高兴地喊叫着……你的眼睛紧跟着他们，你冲他们叫喊，好像他们能听到一样，畏惧感为惊羡所取代。每个人都只说：'伟大的上帝，多美啊！'振奋人心的军乐开始演奏，烟火宣告他们的辉煌。"①

---

① *Journal de Bruxelles*, January 31, 1784, pp. 226 – 227. 几乎所有1784年的报纸都发表过类似的飞行描述，包括乘气球飞行者对飞行及人类第一次鸟瞰城镇 - 乡村的震撼体验所做的激动人心的描述。皮拉特尔·德·罗齐耶的报告就是个很好的例子，参见 *Journal de Bruxelles*, July 31, 1784, pp. 223 – 229.

图 1 – 4 气球飞行

说明：1784 年 1 月里昂的一次气球飞行。图下方的诗歌表明，人们普遍相信科学已经让人几乎变成了神，因为这体现了人类理解并掌握自然法则的理性能力。最后一行说："柔弱的凡人亦可接近神祇。"图下方居中文字是：

1784 年 1 月在里昂进行的空气静力学实验，实验的气球直径达 100 英尺。

这是从安东尼奥·斯普雷亚菲科庄园南翼看到的景象，

无穷的空间将我们与天空相隔，

可是，感谢蒙戈尔菲耶兄弟的天才灵感，

朱庇特之鹰失去了他的王国/柔弱的凡人亦可接近神祇。

对气球飞行的热情，让普通的法国人认识到了科学的重要性，这一点拉瓦锡向科学院提交的报告是不可能做到的。据说，南特（Nantes）的一次飞行观看者达十万之众，有哭的，有喊的，有昏厥的。波尔多的一次飞行取消后，民众发生了暴乱，打死了两个人，毁掉了气球和票房。"他们都是劳工，耽误了一天的工作，什么也没看到，所以很愤怒。"《布鲁塞尔报》（Journal de Bruxelles）解释道。于是飞行的消息广为人知，很多是不可能阅读《物理学刊》的人。例如，据说有一群农民在欢迎气球降落农田的时候喊道："你们是人还是神啊？"而在法国社会的另外一极，一位出身高贵的气球爱好者想象自己见到了"远古的神祇在云中现身；神话在物理的奇迹中复活"，科学让人变成了神。科学家驾驭自然力量的本领让法国人充满了敬畏，充满了近乎宗教的热忱。它快速传播，超出了巴黎的科学团体，超出了教育程度的局限；在文学领域中也超出了散文的界限。有几十首诗歌受到气球飞行的激发，歌颂了人类理性的高贵，以下是其中一首。

> 你的试管决定空气的重量；
> 你的棱镜分开了光；
> 火、土、水都屈服于你的法则：
> 你掌控自然的一切。

科学开启了人类进步的无限可能。"过去十年成倍增长的这些令人难以置信的发现……电被弄清楚了，各基本元素被改变，各种气体被分解并解释，太阳的光束被压缩，空气被勇敢的人类跨越，所有这些数以千计的奇观极大地拓展了我们的知识领域。谁知道我们可以走多远呢？哪个世俗的生命竟敢限定人类的心智……?"①

因此，基于1780年代的通俗作品做出如下结论看来是可靠的：那个年代的读者陶醉于科学的力量，也为科学家置于宇宙之中的各种真实和假想的自然之力而疑惑。公众无法将真实和假想区分开来，所以任何看不见的液体，任何听起来像科学的设想，只要自称能够解释自然的神奇，他们就会抓住不放。

1783年一场关于"弹力鞋"（plastic shoes）的骗局清楚地表明了当时公众的态度。12月8日，《巴黎日报》发表了钟表匠D某某的一封信，宣布发现了一项新的法则，以弹力

---

① *Journal de Bruxelles*, May 29, 1784, pp. 226 - 227. 关于波尔多暴乱，还可参见伦敦的 *Courier de l'Europe*, May 28, 1784, p. 340. 巴黎发生了另一场类似暴乱，参见 *Courier de l'Europe*, July 20, 1784, p. 43; *Courier de l'Europe*, August 24, 1784, p. 128; *Le Journal des Sçavans*, January 1784, p. 27; *Almanach des Muses*, Paris, 1785, p. 51; *Traces du magnétisme* (The Hague, 1784), p. 4. 引自《缪斯年鉴》的这首诗歌原文为："Tes tubes ont de l'air determine le poids; Ton prisme a divisé les rayons de la lumière; Le feu, la terre et l'eau soumis à tes lois: Tu domptes la nature entière."《欧洲信使报》(July 9, 1784, p. 23) 这样描述叙弗朗号（Le Suffrein）气球从南特起飞的情况："至少有一百万人目睹了叙弗朗号热气球升空，好几个女人昏了过去，其他人痛哭流涕，大家都有一种无法解释的焦躁不安。然后又像庆祝胜利日一样庆祝了这两名旅行者的返航。道路两边挤满了人……大多数人家灯火通明，老百姓崇拜地吻他们的手，吻他们的衣服……"

为基础，能够让人在水面上行走。D 某某承诺穿上他发明的一双特殊的鞋子，在新年那一天从塞纳河上走过去，条件是为他筹集 200 金路易的捐款，当天在新桥（Pont Neuf）等着他。一个星期之内，《巴黎日报》便筹集了 3243 里弗赫银币，捐赠者来自全国一些最有名望的人，其中包括拉斐特（Lafayette），他是捐款最多者。人们对这个计划的热情，捐赠者名单上那些赫赫有名的人，《巴黎日报》没有采取任何预防措施，这些都表明了民众的相同态度。人已经刚刚征服了空气，为什么就不能在水面上行走呢？人类理性掌管着多少看不见的力量，谁能够设下限制呢？12 月底，骗局被揭穿了。《巴黎日报》把资金转移到一项慈善事业，到 1784 年 2 月 7 日该报已经完全从骗局的尴尬中恢复过来，又发表了一封书信，提倡一项能让人在黑暗中看见东西的技术，支持者是一个由气球爱好者组成的俱乐部，他们信仰"夜盲症患者、惧水症患者、梦游者和以魔法寻找水源者"之间的兄弟关系。[1]

梅西耶（L. S. Mercier）在讲述为一种新型飞行器捐款事件时，以他常有的洞见描绘了他同时代人的精神。"对神奇之物的喜爱总能征服我们。我们疑惑地察觉到，自己对自然力量知之甚少，所以任何东西只要能引领我们发现自然的力量，我

---

[1] *Journal de Paris*, December 8 – 26, 1783, pp. 1403 – 1484; February 7, 1784, pp. 169 – 170.

图 1-5　穿着弹力鞋从水面走过

　　说明：一位版画家刻制的"弹力鞋"实验。和多数骗局一样，这个实验也揭示了当时人们相信科学进步就意味着人可以做任何事，如飞行、在水面行走、治愈所有疾病。此版画附有文字：穿着弹力鞋脚不沾水从新桥下走过塞纳河的场景。献给捐赠者。

们就会欢呼雀跃地表示欢迎。"他发现巴黎人对科学的激情，已经压倒了他们以前对文艺的兴趣。另一位对巴黎流行趋向洞察入微的评论者梅斯特（J. H. Meister）对此表示同意。"在我们所有的聚会、所有的晚宴上，在我们可爱的女人的化妆间里，在我们的学术会堂里，我们都只谈论实验、大气、可燃气体、能飞的马车、飞行之旅。"关于科学的公共课程在报纸上登出广告，巴黎人趋之若鹜，他们争抢皮拉特尔·德·罗齐耶、孔多塞（Condorcet）、热伯兰伯爵（Court de Gébelin）、拉布朗什里（La Blancherie）等人建立的科学会堂和博物馆的会员身份。在这些成人教育课堂上，人们热情高涨，一位乡村绅士给家乡的朋友写了封信，谈到了巴黎最近的潮流，从中可以看出这一点（参见本书附录2）。拉布朗什里在博物馆出版的学刊上发表有一篇文章，从中可以看出这类讲座的调子："自从对科学的偏好开始传播以来，我们已经看到公众先后对物理、自然史和化学着迷。看到公众不仅关注这些学科的进展，而且真正地投身于研究之中。公众趋之若鹜，参加课程、接受教育，迫不及待地阅读相关书籍，热诚地欢迎一切与人类心智有关的事情。富裕的人们，几乎家家都有适合这些有用科学的仪器。"①

业余科学家的热情充斥着1780年代的所有期刊，鼓励了投入的实验家，比如约瑟夫·普利斯特里，他注意到电的展示已经极其流行，于是顺应潮流，发表了几十篇自助实验指南，那些实验的设计完全是为了娱乐。法国的诺莱神父与普利斯特里所做相仿，不过后者名声更显赫。普利斯特里提倡的一种关

---

① L.-S. Mercier, *Tableau de Paris*, 12 vols. (Amsterdam, 1782 – 1788), II, p. 300. 该书第11卷第18页写道："文学的统治已经结束了，物理学家取代了诗人和小说家，电力机器就是戏剧。" 梅斯特的话，参见 *Correspondance littéraire, philosophique et critique par Grimm, Diderot, Raynal, Meister, etc.* (hereafter Grimm's *Correspondance littéraire*), ed., Maurice Tourneux (Paris, 1880), XIII, p. 344. 拉布朗什里关于博物馆的叙述，参见 *Nouvelles de la République des lettres*, October 12, 1785. 关于人们对巴黎科学会堂和博物馆的热情，《法国文学界历史秘录》(*Mémoires secrets pour servir à l'histoire de la république des lettres en France*) 中有大量相关文章，在当时的其他出版物中也皆有记录。

于电的理论与梅斯梅尔的磁液多少有些相似，还为业余爱好者写了几篇类似的手册。《物理学刊》等杂志刊登了很多书评，评价类似的手册类作品，它们当时肯定拥有由家庭科学家组成的庞大读者群。玩弄硫和电的业余爱好者有希望碰上什么新的发现，1784 年 5 月 11 日的《巴黎日报》上就宣布了一例，发现者是卡拉（J. -L. Carra）——未来的吉伦特派领导人。报刊从读者那儿搜集这种报道，"尤其是在这时候，人人都急切地搜寻与某种发现相关的所有东西"，《布鲁塞尔报》这样说道。好像是要证明这句话一样，该报真的发表了一些关于发现的热情洋溢的报道，比如"止血水"（styptic water），巴黎"酒窖咖啡馆"（Café du Caveau）的常客说这种水能够止住所有大出血。为了不被竞争对手压下去，《欧洲信使报》（Courier de l'Europe）发表了一篇报道，一个巴黎人自称能用面包和鸦片的混合物治疗一切疾病。这个处方给《物理学刊》的读者带来了希望，因为该刊已经警告过他们，说他们的炊具很可能有毒。从写给编辑的信件来看，这些刊物的读者相信科学无所不能。来自马赛的一位道多瓦尔（d'Audouard）先生告诉《欧洲信使报》，说发明了一种永动机，能以其自身的动力永远不停地磨谷子；一位七岁的孩子向《巴黎日报》坦白说他有尿床的问题，被建议偶尔对自己进行电击。一位保守落后、喜好文学的人向《文学年》抱怨，说"这种科学狂热"太极端了，"对文学来说，你只有一种冷冷的敬重，近乎冷漠，而科学呢……激发了一种普遍的热情。物理、化学、自然历史已经成了一种狂热"。①

业余科学就算没别的成果，至少也提供了娱乐。像约瑟夫·皮内蒂（Joseph Pinetti）这样的科学家兼魔术师巡游全国，表演"令人发笑的物理和各种给人娱乐的实验"。1784年夏天，一个名叫德·肯佩伦（de Kempelen）的人展示了他的科学奇观——会下棋的机器人，让巴黎人高兴不已。米卡尔神父（Abbé Mical）的"会说话的头"（têtes parlantes）引起了科学院的严肃调查。马莱·杜庞还给《水星报》写了一封信，谈到了创造语言的这种新科学，总体上是"成千上万的奇迹"以及巴黎人"对被当作超自然的实验的普遍狂热"。亨利·德克朗（Henri Decremps）自称为"娱乐性物理学的展示者、教授"，他利用了人们的这种态度，写了一系列通俗科学书籍，那些实际上不过是魔术师手册。他讨论了几十种戏法，比如能从帽子中跳出来的跳舞蛋和会唱歌的机械鸟，把这些都当作"物理或数学上的简单问题"。他还分析了当前的科学热，就

---

① Priestley, *The History and Present State of Electricity*, Ⅱ, pp. 134 – 138 and passim; *Journal de Bruxelles*, January 10, 1784, p. 81, and March 6, 1784, p. 39 (see also May 15, 1784, p. 139); *Courier de l'Europe*, October 8, 1784, p. 228; *Journal de Physique*, July 1781, p. 80; *Courier de l'Europe*, August 27, 1784, p. 135; *Journal de Paris*, April 23, 1784, p. 501, and April 27, 1784, pp. 516 – 517; *Année littéraire* I (1785), pp. 5, 8. 在讲述催眠如何流行的同时，马莱·杜庞（Mallet du Pan）将催眠术放入了适当的语境，参见 *Journal historique et politique* (Geneva), February 14, 1784, p. 321. "今天发明、奇迹和超凡的才能充满了艺术和科学领域。一群出身不同的人，原本从未料到会成为化学家、几何学家、机械师等，如今却怀揣着不同领域的优秀成果出现在世人的面前。"

像普利斯特里和拉瓦锡曾经分析过的那样："当能看见的、令人震惊的奇异现象取决于某种感觉不到的、未知的原因，人类心智总是倾向于神奇之物，会自然而然地把这些效果归因于某种荒诞奇特的原因。"对科学奇迹的普遍信仰也能从戏剧中看出来，比如 1784 年 1 月 1 日在暧昧喜剧院（Ambigu-Comique）上演的《物理学家的爱》（*L'Amour physicien*），以及同一年稍迟在杂艺剧场（Variétés Amusantes）开始上演的《气球或物理热》（*Le ballon ou la Physico-manie*）。还可以从科幻小说中看出来，比如《空中乘客的神奇冒险》（*Aventures singulières d'un voyageur aërien*）、《叔叔月球航行记》（*Le retour de mon pauvre oncle, ou relation de son voyage dans la lune*）、《婴儿班庞的神奇故事》（*Baby-Bambon, histoire archimerveilleuse*）和《月球新世界》（*Nouvelles du monde lunaire*）等。小说中的想象可能并不算离谱，因为皮拉特尔·德·罗齐耶曾吹嘘说，如果风没问题的话，他可以乘坐他的气球两天之内从加莱飞到波士顿。通俗科学甚至渗入了情书，至少在兰盖（Linguet）的情人身上情况是这样的。她要求他不要给她寄轻松诙谐的诗歌，"因为只有诗歌用点儿物理学或形而上学加以装点之后，我才喜欢诗歌"。一个志趣相投的同好——未来的吉伦特派领导人巴尔巴鲁（C. J. M. Barbaroux）发现，电的实验所带来的兴奋感只有诗歌能够表达。

噢，精微的火啊，世界的灵魂，

> 行善的电，
>
> 你充斥着空气、土地和海洋，
>
> 还有广阔无垠的天空。①

正是在这种时代精神之下，当时科学院的秘书孔多塞逐渐形成了其人类进步的理论。关于实验、精巧仪器、科学辩论的报道充斥着各种出版物，从谨慎的《巴黎日报》到秘密的"手填选票"（*bulletins à la main*），让人觉得通俗科学的黄金时代在大革命前的法国就已经来临，而不是在 19 世纪或 20 世纪的美国。

1780 年代，对科学的普遍热情如此强烈，以至于几乎要抹去科学与伪科学之间的界线了（这条界线在 19 世纪之前都不太

---

① *Mercure*, July 3, 1784, p. 45, and July 24, 1784, p. 177; Henri Decremps, *La magie blanche dévoilée, ou explication des tours surprenants, qui font depuis peu l'admiration de la capitale et de la province, avec des réflexions sur la baguette divinatoire, les automates joueurs d'échecs etc. etc.* (Paris, 1784), pp. xi, 72. 致兰盖的信引自 Jean Cruppi, *Un avocat journaliste au XVIIIe siécle: Linguet* (Paris, 1895), p. 307. 巴尔巴鲁的诗出自 *Mémoires inédits de Pétion et mémoires de Buzot & de Barbaroux...* ed. C. A. Dauban (Paris, 1866), p. 264. 这首诗原文是："O feu subtil, âme du monde, /Bienfaisante électricité/Tu remplis l'air, la terre, l'onde, /Le ciel et son immensité." 另参见 Decremps, *Supplément à la Magie blanche dévoilée* (Paris, 1785), pp. 281 – 282. 其中这样描述现代江湖郎中的角色："他吹嘘说发现了自然向他展示的新法则，却一直保守着秘密，让知识成了物理神秘学的事情……他自以为比所有学术社团都要聪明。"亨利·德克朗在 *Testament de Jerome Sharp, professeur de physique amusante* (Paris, 1789) 和 *Codicile de Jerome Sharp* (Paris, 1791) 中继续攻击流行的"魔术"科学家。

清晰）。政府和学术团体试图坚守防线，抵御庸医和江湖郎中的
进攻，他们谴责梅斯梅尔，却把橄榄枝伸向了尼古拉·拉德吕
（Nicolas le Dru），他来自圣日耳曼集市（Foire Saint-Germain），
可以说是个杂耍演员。他提出了一种关于普遍液体的理论，与
梅斯梅尔的差不多，并在塞莱斯坦修道院（Couvent des
Célestins）对病人进行磁液治疗。在几个项目中，比如弹力鞋项
目，令人惊讶的设备和理论能够增加人们的信心。例如，一个
名叫博帝诺（Bottineau）的人发明了一种技术，能让人在大雾
中看到船只；据说，来自多菲内省（Dauphiny）的一位名叫布
勒东（Bléton）的农民，在 1781 年到 1782 年向人们展示了他用
魔法找水的"实验"，场面蔚为大观，观者达三万余人。一个名
叫托皮纳迪埃（M. de la Taupinardière）的人发现了在地下呼吸
与行走的方法［他承诺于 1784 年 1 月 1 日从阿维尼翁
（Avignon）桥下穿土而过］，《欧洲信使报》发现这显然是个骗
局。但对于人们捕获智利怪兽（人的脸、狮子的鬃毛、蛇的鳞
片、公牛的角、蝙蝠的翅膀、两条尾巴），《水星报》却欢呼
雀跃，说这是"一个美妙的机遇……对新旧世界的博物学家
们来说"。怪兽的雕版图像在巴黎流传，使它成为一周之内
"所有谈话"的主题，使得《水星报》严肃地下了结论，说这
证明关于鹰身女妖和塞壬海妖的古老传说都是真的。在那个时
代，这不是什么荒谬的论点。当时，卵源论者（ovist）、精源
论者（animalculist）、先成论者（preformationist）、泛种源论者
（panspermatist）相互竞争，对有性生殖做出种种猜测。当时，

图 1 - 6 独一无二的怪物抓住了它的猎物

说明：据信这是捕获于南美洲的怪物。这幅画及其他类似作品在巴黎的大街小巷出售。关于各种怪物的报道，被一些报纸当真，考虑到 18 世纪关于有性生殖、跨种繁殖的各种理论，这在当时不显得荒谬。

图下文字为：在秘鲁圣达菲（Santa Fe）王国智利省普罗斯帕·沃士顿（Prosper Voston）地区的法瓜（Fagua）湖中发现过该怪物。它夜晚出来吞食该地区的猪、奶牛和公牛。其长 11 英尺；脸部与人脸相似；嘴巴宽度与脸部相当；牙齿有两英寸长；有公牛一样的角，角长 24 英寸；毛发拖到地上；有 4 英寸的耳朵，与驴耳朵相似；有两个蝙蝠一般的翅膀；腿部全长 25 英寸，爪长 8 英寸；有两条尾巴，一条非常灵活，能卷曲，可以抓捕猎物，另一条尾部呈箭镞状，能用来猎杀；整个身体覆盖着鳞片。怪物是被很多人一起捕获的，他们设了陷阱，怪物陷了进去。怪物被网缠住，送到了总督那儿，总督给它喂阉牛、奶牛或公牛，每天给它喂三四头猪，它似乎对猪有所偏好。如果海上运送，到合恩角至少要五六个月的时间，而且必须把大量的牛装到船上以喂养怪物，所以总督下令陆路沿途各处为这头怪物提供食物，让它慢慢前往洪都拉斯湾，在那儿登船前往哈瓦那。再从那儿到百慕大群岛，到亚速尔群岛，三个星期后怪物就可以在加的斯登岸。怪物可能会从加的斯做短途旅行，供皇室观看。人们希望能够捕获雌性怪物，这样这个物种就不会在欧洲灭亡。该物种似乎属于鸟身妖族，此前人们都认为这只是传说。

雷蒂夫·德·拉布雷东（Restif de la Bretonne），显然还有米拉博（Mirabeau）都相信普鲁士腓特烈大帝（Frederick Ⅱ）同性性交的实验产生了半人半马怪和半人半羊怪。当时，雅克 - 皮埃尔·布里索担心同性性交会使人类种族变形，还说"人人都听说过牛孩和狼孩"。①

"人人"当然都听说过那些异想天开的机器，它们表明在人们对科学的无限信仰中，机件设计也是其中一部分。《布鲁塞尔报》为水下旅行的"流体静力"（hydrostatergatic）机器的发明而欢呼，但对于有个人打算用在普罗旺斯飞行的帆布翅膀和尾巴，该刊表示了怀疑："这些实验纷纷进入心智较弱者的大脑里，以至于几乎每天都有或多或少有些离奇的计划被人提出来，被人相信。"勒诺（A. J. Renaux）在巴黎发放招募书，把当时民众的情绪进一步调动起来。在招募书中，他要求得到 24000 里弗赫银币的捐赠以及在军事学院（Ecole Militaire）的一处住所，他可以研发一种机器，能飞（不会产生气或烟），能吊举重物，能汲水，能磨谷物，能在河上航

---

① *Mémoires secrets*, November 27, 1783, pp. 54 – 55, December 6, 1783, pp. 74 – 75, and April 9, 1784, p. 255; *Grimm's Correspondance littéraire*, XIII, pp. 387 – 388; Pierre Thouvenel, *Mémoire physique et médicinal montrant des rapports évidents entre les phénomènes de la baguette divinatoire, du magnétisme et de l'électricité* (London, 1781), 及其续集 *Second Mémoire physique et médicinal...* (London, 1784); *Courier de l'Europe*, January 9, 1784, p. 18, October 22, 1784, p. 260, and October 29, 1784, p. 276; Restif de la Bretonne, *Monsieur Nicolas ou le coeur humain dévoilé* (Paris, 1959), V, 530; J. -P. Brissot, *Théorie des loix criminelles*. Berlin, 1781, I, p. 243.

行。另外，他还承诺了很多新方法，用来给公寓制热制冷、打捞沉船、快速远距离交流思想，以及清晰地观看其他星球上的物体，好像它们就在地球上一样。①

伪科学又转而将巴黎人带入神秘学（occultisim）的领域。中世纪以来，神秘学就和科学相近。梅西耶发现巴黎的炼金术士很多，卡廖斯特罗不过名气最大而已。街头小贩兜售圣日耳曼伯爵这位"著名炼金术士"（célèbre alchimiste）的图像；书商展示各种炼金术作品，比如克劳德·舍瓦利耶（Claude Chevalier）的《关于动物、植物和矿物的哲学讨论》（*Discours philosophiques sur les trois principes animal, végétal & minéral; ou la suite de la clef qui ouvre les portes du sanctuaire philosophique*）。穷人没有能力去看医生，总是会去寻求江湖郎中和信仰治疗师更加廉价的疗方——这很可能对他们更有好处。"各种各样的秘密疗方每天都在散布，尽管禁止的力度很大。"《法兰西水星报》（*Mercure de France*）报道说。这种做法很可能此前就一直存在，不过1784年7月《布鲁塞尔报》的一位巴黎通讯员认为，这在当时那个年代尤为猖獗，"秘传学（hermetic）、神秘学（cabalistic）、通灵学（theosophic）哲学家疯狂地传播所有古老的荒谬言论，法术啦，预言啦，占星啦，等等"。在当时的刊物上能经常碰到此类人物，比如能用镜子创造奇观的"犹太

---

① *Journal de Bruxelles*, February 14, 1784, pp. 85 – 87, and August 7, 1784, p. 38; *Journal des Sçavans*, September 1784, pp. 627 – 629.

人莱昂"（Léon le Juif），拥有"哲学家之石"（philosopher's stone）的吕埃（Ruer），行乞治疗师达梅特（B. J. Labre de Damette），还有很多身份不明的其他人——圣于贝尔（St. Hubert）、精怪阿拉尔（Alael）、"麻雀街的先知"、"剪刀街的信仰治疗师"、能用神秘的手势和触摸治疗疾病的那位"触摸师"、供应由凯内尔姆·迪格比爵士（Sir Kenelm Digby）于 17 世纪发明的万验灵药"交感粉"（sympathetic powder）的人、能看到地下物体的那个孩子，等等。连严肃的科学家长期以来也一直在《博学者杂志》（*Journal des Sçavans*）和《物理学刊》上发表关于各种神奇现象的报道，比如会说话的狗，或者巴兹里斯克蛇怪，其目光能致人死命，比子弹还快。有很多神话传说说炼金术能产生魔水，可使人长生不老、百病痊愈。当时炼金术遗留下来的传统是不能用一派胡言轻易打发掉的，因此在那个时代认为某处泉水因为不洁的女人在里面洗过澡而干涸了，只是一种常识的表现。炼金术士、巫师、占卜师都深深嵌入了巴黎人的生活，以至于警察发现他们在侦查和提供秘密情报方面甚至比牧师还要出色。诚实的通灵师，像圣马丁（L. C. de Saint-Martin）、维莱莫（J. B. Willermoz）、拉瓦特尔（J. C. Lavater）都广受欢迎。催眠师的作品中提到过他们，他们自己也施行催眠术。早期的科学家只从物质的外部进行衡量、测算，而此时的科学家则像歌德及其浮士德一样，努力穿透物质核心的那些生命力量，而通灵术在这方面似乎是个补充。催眠术似乎是一门通灵科学。实际上，一些催眠师就把它描述成詹森主义（Jansenism）中具有神秘特征的一种现代科学：痉挛的宗教狂热者经历的就是催眠时的危象，而"……圣梅达尔（Saint Médard）的坟墓就是一个催眠的桶"。巴黎议会一度有严重的詹森主义倾向，让－雅克·杜瓦尔·德普雷梅尼（Jean-Jacques Duval d'Eprémesnil）领导着该议会抵制政府，他就把自己的催眠术同卡廖斯特罗、圣马丁、詹姆斯·格雷厄姆医生等的支持结合了起来。①

　　在某个范围内，科学渐渐融入伪科学和神秘学，催眠术似

① 引文出自 *Mercure de France*，March 13，1784，p. 94，and April 17，1784，p. 113；*Journal de Bruxelles*，July 24，1784，p. 171；Galart de Montjoie，*Letters sur le magnétisme animal，où l'on examine la conformité des opinions des peuples anciens & modernes，des sçavans & notamment de M. Bailly avec celles de M. Mesmer...*（Philadelphia，1784），p. 10. 关于这些及其他形式的神秘学，可参见 *Mémoires secrets*，August 11，1783，pp. 113 – 116；Mercier，*Tableau de Paris*，Ⅱ，pp. 299 – 300，Ⅷ，pp. 176，299，341，Ⅸ，p. 25，Ⅺ，pp. 291 – 293，352 – 355；Grimm's *Correspondance littéraire*，ⅩⅢ，pp. 387 – 388；*Mesmer justifié*（Constance，1784），p. 34；*Remarques sur la conduite du sieur Mesmer，de son commis le P. Hervier et de ses adhérents*（1784），p. 26；*Eclaircissemens sur le magnétisme animal*（London，1784），pp. 6 – 8；*L'Antimagnétisme...*（London，1784），p. 3；杜克洛（Duclos）的回忆录，见 *Bibliothèque des mémoires relatifs à l'histoire de France pendant le 18e siècle，nouvelle série*（Paris，1880 – 1881），ⅩⅩⅦ，p. 20；*Avertissement de M. D'Eprémesnil，à l'occasion de quelques écrits anonymes qu'il a reçus de Beaucaire par la poste*（1789）. 对1780年代典型炼金术活动的描写，参见 R. M. Le Suire（笔名），*Le Philosoph parvenu...*（London，1787），Ⅰ，pp. 204 – 211. 关于警察与通灵术的关系，参见 J. Peuchet，ed.，*Mémoires tirés des archives de la police de Paris...*（Paris，1838），Ⅲ，pp. 98，102 – 103. 关于这个隐晦话题必不可少的通论，参见 Auguste Viatte，*Les sources occultes du romantisme，illuminisme-théosophie，1770 – 1820*，2 vols.（Paris，1928）.

图 1－7　时髦、夸张的业余科学家

　　说明：这是一幅讽刺图，这位"物理学者"打算穿着气球外衣飞走，以躲避他的债主和情人。

　　图下方文字为：物理学小大师。在地球上，我屈服于／债务和亲抚。／我要逃到空中，就这么定了：／再见了，债主、情人。

乎在这个范围的中部占据了一个位置。梅西耶的《巴黎浮世绘》（*Tableau de Paris*）反映了大革命前法国各家各派的多数观点，但到 1788 年他本人慢慢脱离催眠术，开始信仰一种"新学派"，认为整个世界充满着看不见的鬼魂。"我们处在未知的世界中。"他解释道。在那个年代，有这样的信仰不会被当作另类，反而是最为时尚的事情。例如，有一个剧本叫作《光照派》（Les illuminés），剧中人物克莱安特（Cléante），"一位时尚的年轻人、光照派信徒"在一家时尚的沙龙里与人雄辩。克莱安特采用了"能让我们将思想从一极传到另一极的那种多愁善感的语言"，以与鬼魂交流，为催眠术辩护。"没有什么比这更加明亮了：它是真正的宇宙体系，万物的推动者。"巴黎的克莱安特们并不觉得这种浪漫的倾诉不符合科学，他们觉得这种风格很恰当，符合科学，也符合神秘学，或者说他们所谓的"高科学"（haute science）。最具神秘学倾向的梅斯梅尔追随者听到有人暗示他们排斥国家的科学进步时都会断然否认。《原始世界》（Le Monde Primitif）一书受人敬重的作者热伯兰伯爵认为，催眠术和"超自然的科学"是近来科学发现的必然成果。他的一位催眠师同事欣喜地说："物理将在所有地方取代魔法。"另一位解释道："在科学之上是魔法，因为魔法紧跟在科学之后，不是作为科学产生的效果，而是作为科学的完善。"梅斯梅尔的观点与攻击他的一些院士提出的科学设想有相似之处，这也证明了上述观点。巴伊是皇家委员会谴责梅斯梅尔报告的撰写人，而他的一些科学理论正如一些催眠术手册所指出的那样，与梅斯梅尔的观点颇为相似。更令人尴尬的是，读者甚至可能会把委员会另一位成员拉瓦锡关于热质的描写，与梅斯梅尔对其磁液的讲述混同起来。简而言之，催眠术符合大革命前十年人们对科学和"高科学"的兴趣，而且与启蒙运

动的精神似乎也并不冲突。当时有一个清单，列出了作品"与
催眠术具有类比性"的作者，"洛克、培根、培尔（Bayle）、莱
布尼茨、休谟、牛顿、笛卡尔、拉梅特里（La Mettrie）、博内、
狄德罗、莫佩尔蒂（Maupertuis）、罗比内（Robinet）、爱尔维
修（Helvétius）、孔狄亚克（Condillac）、卢梭、布丰、马拉、
贝尔托隆（Bertholon）"。在其初期，催眠术表达了启蒙主义对
理性的信仰，不过是走了极端，是跑过了头的启蒙主义；后来
这引发了一场趋向另一个极端的运动，其形式就是浪漫主义。
催眠术在该运动中也扮演了一个角色：它指出了两个极端的交
会点。但在 1780 年代中期，它还没到这一步；当时有个机敏
之士扼要地总结道：

> 以前是莫林那派，
>
> 后来是詹森派，
>
> 接下来是百科全书派，
>
> 再接下来是经济派，
>
> 如今是催眠派……①

1788 年 7 月 5 日，为了召开三级会议，法国开始了自由

① Mercier, *Tableau de Paris*, XII, pp. 352 – 355; Les illuminés, in *Le Somnambule...*
（1786）. 根据巴尔比耶（A. A. Barbier）的说法，作者是范妮·德·博阿尔
内（Fanny de Beauharnais）。亚历克西斯·迪罗（Alexis Dureau）认为作者
是皮埃尔·迪多（Pierre Didot）显然是错误的，迪多是和谐社（Society of
Harmony）成员，不会讽刺催眠术。Court de Gébelin, *Lettre de l'auteur du*

开放的政治大讨论。而在此前的十年，催眠术与受过教育的法国人的态度极其吻合，人们对它的兴趣很可能超过了任何其他话题或潮流。尽管很难精确地衡量，但人们对催眠术的兴趣肯定是变化的，从1779年开始慢慢上升，1785年之后开始下降。当时的记录明白无误地表明，正如拉阿尔普（La Harpe）所说，催眠术大行其道，"像一场流行性疾病一样，征服了整个法兰西"。1783～1784年，催眠术最为流行。在这段时间内的《秘录》（*Mémoires secrets*）和《巴黎日报》上，催眠术所占的篇幅远远超过其他话题。连1785年的《缪斯年鉴》（*Almanach des Muses*）上也充斥着关于催眠术的诗歌（大多是敌视的）。书商阿迪（S. P. Hardy）在其私人日记上写道，对催眠术的"疯狂"甚至压倒了对气球飞行的热情。《秘录》说道："男人、女人、孩子，人人都卷进来，人人都搞催眠术。"梅斯特意见相同："每个人都想着催眠术。它的神奇让人惊讶，就算承认对它力量的怀疑……至少谁也不敢否认它的存

Monde Primitif à Messieurs ses souscripteaurs sur le magnétisme animal（Paris, 1784），pp. 16 – 18；Thouvenel, *Mémoire physique et médicinal*，p. 31；*Frangment sur les hautes sciences...*（Amsterdam, 1785），p. 10. 蒙茹瓦（Galart de Montjoie）在《关于动物磁力学的信》（*Lettres sur le magnétisme animal*）中揭示了巴伊和热伯兰观点中的相似之处。关于拉瓦锡的热质，可参见他本人的描述："一种微妙地渗入所有身体细胞的液体。"*Traité élémentaire de chimie*, vol. 1, p. 4；Maurice Daumas, *Lavoisier：théoricien et expérimentateur*（Paris, 1955），pp. 162 – 171. 催眠术学者名单见于 *Appel au public sur le magnétisme animal...*（1787），p. 49. 诙谐短诗参见 *Mémoires secrets*, May 25, 1784, p. 11. 原文为："Autrefois Moliniste/Ensuite Janséniste/Puis Encyclopédiste/Et puis Economiste/A présent Mesmériste..."

在。"《欧洲信使报》说道："首都所有谈话的主要话题，仍然还是动物磁力学。"《布鲁塞尔报》则报道："我们只关心动物磁力学……"①人们在学院、沙龙和咖啡厅里辩论催眠术。催眠术被警方调查，被王后赞助，有几次在舞台上被人嘲讽，在通俗歌曲、打油诗和漫画中被人戏弄，在类似共济会的秘密社团组成的网络中施行，在潮水一般的宣传手册和书籍中传播。催眠术甚至还进入了《女人皆如此》（Così fan tutte），作者是梅斯梅尔在维也纳旅居期间认识的朋友——沃尔夫冈·阿马多伊斯·莫扎特（Wolfgang Amadeus Mozart）。

　　时人对催眠术的巨大兴趣，为我们了解大革命前夕法国人的心态提供了一些线索。召开三级会议之前的十年中，各宣传手册上很少能见到复杂的政治思想，也没有对土地税等重要事件的分析。在法国宣传手册的作者撰写的文章中，关于第一次显贵会议时长达六个月的政治危机的内容，还不及催眠术相关内容的一半。法国人没能预见大革命的到来，对政治理论没什么兴趣。他们讨论的是催眠术和其他非政治的时尚，比如气球飞行。说实话，那些看不见、神奇的科学力量给他们带来了智利怪兽、飞行器和其他奇观。他们完全可以用这些把自己的思

---

① J. -F. La Harpe, *Correspondance littéraire...*（Paris, 1801 – 1807）, Ⅳ, p. 266. 阿迪的日记手稿参见 Bibliothèque Nationale, fonds français, 6684, May 1, 1784, p. 444. 阿迪对催眠术的关注比大部分小说家更少。*Mémoires secrets*, April 9, 1784, p. 254; Grimm's *Correspondance littéraire*, XIII, p. 510; *Courier de l'Europe*, October 5, 1784, p. 219; *Journal de Bruxelles*, May 22, 1784, p. 179.

想填得满满当当，为什么还要自找苦吃，去关心《社会契约论》中那些晦涩难懂、似乎无关紧要的抽象理论呢？没错，审查制度阻止了人们在《巴黎日报》——法国当时唯一的日报——等出版物上严肃讨论政治。没错，罗伯斯庇尔及其他人在1789年之前就把《社会契约论》放在心上；美国革命让洛克的抽象理论成了现实；法兰西学院（Académie Française）1781年的诗歌比赛选用了废除农奴制这个看起来很热门的话题，也收到了一些比较热烈的作品。然而，最为热门的话题，能够激发辩论、引起激情的话题，在当时新闻工作者眼中具有"新闻价值"的东西，还是催眠术、气球飞行和通俗科学带来的其他奇观。"手填选票"的传播不受审查机构和警方的限制，但对政治的关注相对较少，除非是大的丑闻，比如钻石项链案；或者重大事件，比如国会会议（*lits de justice*）。政治发生在凡尔赛那个遥远的世界中，其形式常常是一些云遮雾罩的密谋，围绕着一些难以确定的派系，比如当时的内政大臣布勒特伊男爵（Baron de Breteuil）的派系，或者财政总监夏尔-亚历山大·德·卡隆（Charles-Alexandre de Calonne）的集团。在1787~1788年大革命危机到来之前，这些密谋与多数法国人的生活没有关系。在受过教育的公众眼里，什么是关键的政治事件呢？外交大臣韦尔热纳（Vergennes）的死亡，还是气球飞行英雄皮拉特尔·德·罗齐耶的去世？1785年6月15日，皮拉特尔打算跨越英吉利海峡，但他的蒙戈尔菲耶-夏尔号（Montgolfière-Charlière）着火坠毁了。皮拉特尔的死亡，而不是显贵会议唤起了让－保罗·马拉（Jean-Paul Marat）撰写宣传手册的本性。他哀叹道："他（皮拉特尔）听不见我的声音，我像另一个卡桑德拉（Cassandra）一样，在沙漠中哭叫。"马拉在宣传手册中要求年轻人不要学习政治，而要学习物理，尤其是马拉的《自然火研究》（Recherches physiques sur le feu，1780）——就在两年前，罗伯斯庇尔公开捍卫避雷针、捍卫科学，借此第一次大步迈入了公众视野。这一观点可能显得烦琐，但值得强调，因为此前没人把催眠术及类似的通俗科学当回事——1780 年代之后的法国真的没有一个人重视过。他们看到的那个世界与我们的世界有天壤之别，所以我们几乎无法看到。因为我们的视线被我们自己的宇宙观遮蔽了，而我们的宇宙观则有意或无意来自 19、20 世纪的科学家和哲学家。在 18 世纪，受过教育的法国人看到的是一个精彩纷呈、巴洛克式的宇宙。他们凝视的目光乘着无形液体的浪涛直达想象的无垠空间。①

　　因此，发现马拉等激进分子 1789 年前主要致力于光、热、气球飞行技巧等方面充满想象的论文；或者发现梅斯梅

----

① 马拉的话见于他的匿名手册，*Lettres de l'observateur bon-sens à M. de xxx*, *sur la fatale catastrophe des infortunés Pilâtre de Rosier & Romain*, *les aéronautes & l'aérostation*（London，1785），p. 19. 马拉与罗伯斯庇尔著名的避雷针案有一点儿关联，参见 A. Cabanès, *Marat inconnu: l'homme privé*, *le médecin*, *le savant*, 2 ed.（Paris，1911），pp. 235 – 257. 格林劳（R. W. Greenlaw）估计，1787 年前六个月出版了 108 份政治手册，这个问题很少有人研究，参见他关于这个问题的统计文章 "Pamphlet Literature on the Eve of the French Revolution," *Journal of Modern History*, XXIX（1957），p. 354. 1787 年一次调

尔的支持者中有几位是后来大革命的重要领导人，如拉斐特，阿德里安·迪波尔（Adrien Duport）、雅克－皮埃尔·布里索、让－路易·卡拉、尼古拉·贝尔加斯、罗兰夫妇（the Rolands）、杜瓦尔·德普雷梅尼等，其实没什么好奇怪的。相反，如果我们考虑到就在大革命前夕，他们曾与鬼魂、遥远的星球交流，曾隔着很远的距离相互交流；考虑到他们根据脸型来分析人的性格；考虑到他们曾支持自称能在黑暗中视物或用魔法寻水的那些怪人；考虑到他们表演过特异的本领，比如在恍惚的梦游中看到自己的内脏，或者生病的时候能够预见康复的方式和日期。如果我们考虑到这些，我们就能更好地理解这些人的心态。他们的思想在由各种态度组成的星云里飘来飘去，这些态度转瞬即逝、朦朦胧胧。这些经过了两个世纪，我们有时很难看清。所谓的"上启蒙"（High Enlightenment），就是由这些星云组成的。虽然有难度，

查显示，催眠术手册数量为 200 份。*Appel au public sur le magnétisme animal...* , p. 11. 这个数字看起来比较可靠，因为法国国家图书馆收藏了部分大革命前与催眠术有关的作品，总数为 166 件。《水星报》（October 20, 1781, pp. 106 – 107）报道，朗雅克骑士（the Chevalier de Langeac）一首关于废除农奴制的诗歌被荣幸地提及，该诗于 8 月 25 日在法兰西学院朗诵，其中包括对强迫劳役和没收团体法人永久不动产的谴责，以及这样的诗行："哦，真可耻！怎么！上帝啊，那些可恶的大臣袒护这些已经被揭露的罪行，就像是在实施律法。在这个充满人道的世纪中，他们居然用基督枷锁下的血汗开拓了自己广阔的领地！"《秘录》用短短七行随随便便就打发了韦尔热纳的死讯，这证明了 1787 年政府和平改革失败的一个关键因素，对皮拉特尔的坠亡兴趣则要大得多。*Mémoires secrets* , February 13, 1787, p. 131, and June 17 and 19, 1785, pp. 94, 98 – 99.

但考察那个遥远的精神宇宙能加深我们对大革命前激进主义的了解。逐步渗透给普遍读者的激进观点不是对卢梭作品的大量引用，而是当时普遍兴趣的组成部分，因此可以通过催眠术——1780年代最大的时尚，来看看激进运动如何进入受过教育的普通法国人的大脑。

第二章

催眠术运动

催眠术运动经历了一个戏剧性的起落过程，"旧制度"（Ancien Régime）下的伟大事业大多如此。运动的领袖梅斯梅尔如同耶和华一般，他的话主要通过门徒传达，比如尼古拉·贝尔加斯。贝尔加斯代替他向信徒布道，以他的名义撰写信件和手册。他真正的声音淹埋在历史之中，而且连他同时代的人也没听懂，因为他的声音裹了一层无法穿透的德国口音。相比之下，连卡廖斯特罗的胡言乱语听起来都算清晰了。人们甚至无法接近这个人，以判断他究竟是不是江湖郎中；就算他是，也比其他庸医高出一大截来。他是莫扎特的朋友兼赞助人、巴黎上流社会的显赫人物，他影响了他所处的时代，这也证明了藏在长袍和仪式之后的那个人的力量。我们在一些日常用语中对此给予了合适的认可，比如我们说"被催眠的"观众或者"有磁力的"人格。①

––––––––––––

① 关于催眠术运动的叙述以下列资料为基础：F. A. Mesmer, *Mémoire sur la découverte du magnétisme animal*（Geneva, 1779）; Mesmer, *Précis historique des faits relatifs au mangétisme animal...*（London, 1781）; Mesmer, *Lettre de l'auteur de la découverte du magnétisme animal à l'auteur des Réflexions préliminaires...*;

梅斯梅尔于 1734 年生于康斯坦茨（Constance）附近的伊兹南（Iznang）村。他在维也纳学习，后来行医，1766 年维也纳大学医学部接受了他提交的博士论文《星球的影响》（De planetarum influxu），那是占星术和牛顿主义的混合。1773 年，他和一位耶稣会的天文学教授共同经营一家磁疗所。后来在士瓦本（Swabia）信仰治疗师加斯内（J. J. Gassner）的影响下，他发现自己能够不用磁铁而通过操控磁性液体治愈疾病。他用"动物"磁力而不用"矿物"磁力的做法招致了医学部的反对，于是他决定前往巴黎，那是 18 世纪欧洲各种奇观神迹云集之地。

1778 年 2 月，梅斯梅尔带着给一些权要的推荐信来到了巴黎，在旺多姆（the Place Vendôme）的一个公寓里安装了他的第一个木桶。他那威严的模样、设备及一开始治愈的那些病例很快让他声名鹊起，他被邀请到法国科学院讲解其理论。但是，院士们并没有理睬他，于是他又采取了另外一个策略。他来到附近的克雷泰伊（Creteil）村庄，带着慢慢聚集起来的一帮病人，邀请法国科学院来证实他的疗效。法国科学院没有接

Nicolas Bergasse, *Observations de M. Bergasse sur un écrit du Docteur Mesmer...* (London, 1785); Bergasse, *Supplément aux Observations...* ; J. J. Duval d'Eprémesnil, *Sommes versées entre les mains de Monsieur Mesmer...* ; d'Eprémesnil, *Mémoire pour M. Charles-Louis Varnier...* （Paris, 1785）; F. L. T. d'Onglée, *Rapport au public de quelques abus anxquels le magnétisme animal a donné lieu....* 以及《秘录》《巴黎日报》中的大量报道，其中包括几位主要催眠师的书信。这里对催眠术总体性质的阐释，是在阅读了法国国家图书馆和大英博物馆藏催眠术相关文献的基础上形成的。

受他的提议，于是他请求皇家医药学会（Royal Society of Medicine）前来调查。但在病人疾病的确认问题上，他与学会派来的调查员发生了争执，学会不再与他有联系。接下来，梅斯梅尔转向巴黎大学医学部。第一个接受他的思想的重要人物是夏尔·德隆（Charles Deslon），他是医学部主管医生（docteur régent）、阿图瓦（d'Artois）伯爵的首席医师。德隆在一次晚宴上向12位医学部的同事介绍了梅斯梅尔。但医生们并没有严肃对待他的日耳曼形而上学，后来也拒绝接受他第一篇法文作品《动物磁力论》（*Mémoire sur le magnétisme animal*）的副本，因为三位医生已经调查过他治愈的病例，认为那都是自然痊愈。

这些治愈的病例经过越来越多的手册宣传吸引了更多关注，梅斯梅尔追随者的数量也稳定增长，其中有些是很有影响力的人。梅斯梅尔在流行的业余科学家中算是成功的，让专业科学家警觉了起来。到1779年，他们开始在手册、《医药学刊》（*Journal de Médecine*）和《健康报》（*Gazette de Santé*）上撰文攻击他。梅斯梅尔主义者则以相同方法予以还击，他们的领导人撰写了《关于动物磁力学的历史事实》（Précis historique des faits relatifs au magnétisme animal，1781），文章表达了无辜受害者的情绪和对科学机制的反对。这一基调成为后来梅斯梅尔主义文章的特点。宣传手册数量越来越多，火药味也越来越浓，巴黎大学医学部决定开除德隆，以根除这一异端邪说。德隆被开除引起了更大的争议，因为医学部和所有大学系部一样有其内部的争斗。30 名年轻医生宣布拥护这种新型治疗方法，德隆则勇敢地与卫道士战斗，向他们发出挑战，让他们与梅斯梅尔比一比，治疗 24 位由抽签选出的病人。医学部中占多数的保守派发起反击，他们下了一道命令，让那 30 位医生要么宣誓效忠正统医学，要么被赶出医学部。其中有两位医生追随德隆进入了通俗医学这个更加自由的领域，发表了宣言，反对医学部"最为专横地对观点的独裁"。德隆本人的被解雇是一个复杂的过程，包括 1781 年 9 月到 1784 年 9 月间多次戏剧性的员工会议、谈判和法律策略。这为梅斯梅尔主义者提供了一位被迫害者，其效果只是因为他与梅斯梅尔同时进行的多次争吵才被削弱。1786 年 8 月，他在被施以催眠术的过程中死亡，被迫害者的影响力也就消失了。梅斯梅尔也要为自己的健康担心。他宣布，他将到斯帕（Spa）的泉水中泡洗法国学术官僚制度在他身上留下的创伤。实际上他打算永远抛开忘恩负义的法国人，让他们生病。王后玛丽 - 安托瓦妮特（Marie-Antoinette）显然受到了信奉催眠术的廷臣的影响。1781 年三四月间，她让莫勒帕（Maurepas）及其他政府官员与梅斯梅尔谈判。政府许诺给梅斯梅尔两万里弗赫的养老金，另外每年补贴一万里弗赫，帮助他建立一家诊所，只要他愿意接受三位政府"学生"的监督。经过一系列复杂的谈判，梅斯梅尔以致王后公开信的夸张方式拒绝了这一提议。他给玛丽 - 安托瓦妮特来了一通高论，教导她"我的原则严谨克制"，这让巴黎人吃了一惊。他拒绝由他的学生来评判他，政府的提议有贿赂之嫌，但仍然不够慷慨——现在他要求一处乡村房产，因为"四五十万法郎"对王后陛下来说又算得了什么呢？①

不过，让梅斯梅尔最后通过普遍和谐社（Société de l'Harmonie Universelle）而留在法国境内的，仍旧是钱。该社团的创立者是尼古拉·贝尔加斯，他是一位哲学家、律师、疑病症患者，来自里昂一个富裕的商人家庭；另一位创立者是贝尔加斯最好的朋友纪尧姆·科恩曼（Guillaume Kornmann），他是斯特拉斯堡一位富有的银行家。1781 年春天，贝尔加斯和科恩曼把他们自己连在梅斯梅尔的木桶上，治疗费用是常规价格——每月 10 个金路易。1782 年 9 月，他们已经开始追随他们的师傅，而这时德隆在巴黎建立了自己的诊所，因而从该运动中被开除出去。1783 年底，德隆又回到了这个群体，待了十个星期后又离开了，因为梅斯梅尔拒不透露他最终的秘密信条。于是贝尔加斯决心保护梅斯梅尔，以免将来再出现分裂分子，并满足梅斯梅尔的经济要求，他把他最初的 12 名追随者组织成一个社团，每名成员收取 100 个金路易的入会费。经过困难的谈判之后，梅斯梅尔同意将秘密传给社团，社团在支付他 2400 个金路易之后便可以（根据贝尔加斯对协议的理解）自由地为了人类利益而透露秘密。无论是不是江湖郎中，梅斯梅尔都算是充分利用了他的信条。到 1785 年 6 月，他已经在高海隆路

---

① 各引文出自 d'Onglée, *Rapport au public*, p. 8; Mesmer, *Précis historique*, pp. 215 – 217.

（Coq-Héron）的夸尼旅馆（Hôtel de Coigny）舒舒服服地安顿了下来。他乘坐一辆精致的马车在巴黎各处来往。根据和谐社会计的说法，他已经筹集了343764里弗赫。社团本身也迅速壮大。到1789年，位于巴黎的总部已经有430名成员，分部则遍及斯特拉斯堡、里昂、波尔多、蒙彼利埃、南特、巴约讷（Bayonne）、格勒诺布尔（Grenoble）、第戎、马赛、卡斯特尔（Castres）、杜埃（Douai）、尼姆（Nîmes），还有至少其他十几个城镇。

图 2 - 1　有魔力的手指（1780 年代）

说明：图中一位江湖郎中正在施行催眠术，他的口袋里鼓鼓囊囊装满了钱，正在让一位无助的美女进入梦游状态。当时的人们普遍相信，催眠术是一种与性有关的魔法，对动物磁力学进行调查的皇家委员会在一份秘密报告中曾提醒国王注意其对道德的威胁。

　　随着和谐社的发展，公众的兴趣也日渐增长，因为撇开催眠术的治疗功能不谈，其娱乐能力也是毫无争议的。追随者背叛梅斯梅尔之后，常常给公众展示一点儿他那令人神往的秘密教条。例如，1784 年 2 月到 3 月间，蒙茹瓦（Galart de Montjoie）就在《巴黎日报》上发表了一些信件。著名的化学家贝托莱（C. L. Berthollet）在梅斯梅尔治疗的过程中被冲了出去，嘴里大声叫喊，说疾病的治愈是通过想象达到的，这引起了轩然大波。《欧洲信使报》披露，疾病是通过硫治愈的。这些内部消息只会让公众更加兴奋。如果付不起足够的费用，不能听梅斯梅尔本人解释他的神奇力量，至少可以通过街头叫卖的仿制木桶和图片了解他的设备和技巧。如果法国国家图书馆收藏的卡通作品能够准确地表现 1780 年代趣味的话，那么那时候的巴黎人就只关心催眠术、气球飞行及英雄主义或人本主义的壮举。这些卡通作品的淫秽特征把人们的想象力集中到一些吸引人的话题上，比如危象室里究竟发生了什么事情，为什么一般是男人给女人施催眠术，又为什么常常是上腹部？通俗歌曲和打油诗也常以重复的诗行激发这样的兴趣，比如：

> 那个江湖郎中梅斯梅尔，
>
> 加上另外一个同事，
>
> 会治好很多女人；
>
> 他会让她们头昏脑涨，
>
> 摸她们身上我也不知道什么地方，

疯狂，

真疯狂，

我压根儿就不会相信。

或：

年老的、年轻的、难看的、漂亮的，

都喜爱这位医生，

都对他忠心耿耿。

传播最为广泛的一首打油诗中有几句妙语，以下是其在《小海报》（*Petites Affiches*）上的版本。

如果什么怪异的人，

仍旧继续他的蠢行，

那倒可以对他说：

信仰磁力说吧……动物。

酒窖咖啡馆是流言蜚语的聚集之地，经常光顾那儿的人们传播了这首歌的一个亲催眠术版本，结尾是这样的："离开磁力说吧……动物。"更加平庸的作者用各种宣传手册点燃了人们的想象力，比如《气的哲学，或一个美丽女人的通信》（*La philosophie des vapeurs，ou correspondance d'une jolie femme*）和《催眠术道德家》（*Le moraliste mesmérien*），后者结尾总结道：

"总而言之，这位著名的动物磁力发现者为爱所做的贡献，与牛顿为宇宙理论所做的贡献相仿。"①

让该运动蓬勃发展的还有关于奇异事件的各种传闻。这些传闻先在咖啡馆和沙龙里传播，最后登上《秘录》。例如，1784年12月，一位年轻男子闯入皇家招待会，匍匐在国王的脚下，恳求驱逐"控制了我的那个魔鬼；就是梅斯梅尔那个无赖，他让我着了魔"。梅斯梅尔最积极的支持者之一埃尔维耶（Hervier）神父在波尔多布道的时候突然停了下来，用催眠术使一位痉挛的教民恢复神志。这项"神迹"引起了轰动，将城镇一分为二，一部分人把埃尔维耶当作圣徒，另外一部分

---

① 关于贝托莱的催眠术经历，参见 *Mémoires secrets*，May 26，1784，pp. 13 – 14. 这些画藏在法国国家图书馆的版画室，尤其是埃南（Hennin）和万克（Vinck）藏品（Qb I，Ye 228）。画中有木桶周围的场景，也有梅斯梅尔的讽刺画像，有时候他眼中有一种悠远的神色，画像下方印着赞美他的诗歌；有时候他被画成动物的模样，爪子里抓着一个即将晕倒的女人。有几幅卡通画涉及"项链事件"（Affaire du Collier），但1780~1787年有关政治的卡通画很少。打油诗出自 *Mémoires secrets*，January 17，1785，pp. 45 – 46；《催眠术，或致梅斯梅尔医生的信》（*Le mesmérisme*，*ou épitre à M. Mesmer*，1785年的一页歌词，后面有未加标题的偶体诗句）；以及一份印刷的《酒窖咖啡馆即兴之作》（*Impromptu fait au Café du Caveau*）。这三首诗的原文分别为"Que le charlatan Mesmer，/Avec un autre frater/Quérisse mainte femelle；/Qu'il en tourne la cervelle，/En les tâtant ne sais où/C'est fou/Très fou/Et je n'y crois pas du tout." "Vieilles，jeunes，laides，belles，/Toutes aiment le docteur，/Et toutes lui sont fidèles." "Si quelqu'esprit original/Persiste encore dans son délire，/Il sera permis de lui dire：/Crois au magnétisme... animal." 亲催眠术的版本最后一行原文为："Loin du magnétisme... animal." 最后的引文出自 *Le moraliste mesmérien*，*ou lettres philosophiques sur l'influence du magnétisme*（London，1784），p. 8.

Fig. 182. Les effets du Magnétisme... animal.
Karikatur auf Mesmer

图 2 - 2　催眠术的效果

说明：此幅漫画主题来自一首当时流行的打油诗的叠歌部分。梅斯梅尔及其追随者被画成狗的形象，强调动物磁力学的动物性。在音乐的辅助下，形象如狗的梅斯梅尔一个动作便在人群中产生了混乱。海报上有两则广告，一个是出售催眠术仪器，另一个是反催眠的戏剧《现代医生》（*Les Docteurs Modernes*）。

人把他当作巫师，他因此被暂停了布道的权力，幸好后来在当地高等法院的支持下又恢复了他的职权。[①]

　　更加神奇的是，查斯泰内·德·皮塞居尔（Chastenet de Puységur）兄弟发现或者说重新发现了诱导催眠。他们发现，他们位于比藏西（Buzancy）的住处有位被施行了梅斯梅尔术

---

① *Mémoires secrets*, December 3, 1784, p. 56, and April 11, 1784, pp. 258 – 259；*Remarques sur la conduite du sieur Mesmer, de son commis le P. Hervier, et de ses autres adhérents...*（1784）；*Lettre d'un Bordelais au Père Hervier...*（Amsterdam, 1784）；Hervier, *Lettre sur la découverte du magnétisme animal...*（Paris, 1784；有热伯兰伯爵撰写的引言）；*Mesmer blessé ou résponse à la lettre du R. P. Hervier sur le magnétisme animal*（1784）。

的牧羊男孩，进入了一种奇怪的睡眠状态，然后站起来行走，并根据他们发出的指令交谈。很快他们学会了用这种"梅斯梅尔式梦游"制造出最为罕见的效果。他们施行梅斯梅尔术，让一条表面看来已经死了的狗又活了过来。他们催眠了系在一棵磁化了的树周围的很多农民。而且他们还发现，梦游者能在被施行梅斯梅尔术的时候看见自己的内脏，能够诊断出他的疾病并预测康复的时间，甚至还能够与死者或远方的人交流。到1784 年秋天，在巴约讷当地官员的热情支持下，皮塞居尔侯爵已经在大规模地施行催眠术，法国各地流传着关于他各种奇迹的报道，还有他直接用催眠术治愈的各种病例的记录。①

　　成百上千个叙述详尽、往往附有亲历者证词的治愈病例广泛流传，肯定使很多法国人对传统医生使用的通泄剂和放血疗法产生了怀疑。蒙洛西耶伯爵（Comte de Montlosier），一位外省的年轻绅士，很可能是个转而信仰催眠术的典型。他在圣奥古斯丁修士的指导下接受了早期教育，后来开始反对他们原始的宗教热忱，转而大量阅读"启蒙哲士"的作品，采纳了多少有些时尚的自由思想，一头扎进了科学研究。梅斯梅尔引起人们热烈反应的消息，随着报纸和书信来到他所住的奥弗涅

---

① *Détail des cures opérées à Buzancy, près Soissons par le magnétisme animal*（Soissons，1784）；J. -M. -P. de Chastenet, Comte de Puységur, *Rapport des cures opérées à Bayonne par le magnétisme animal. . .*（Bayonne，1784）；A. M. J. de Chastenet, Marquis de Puységur, *Mémoires pour servir à l'histoire et à du magnétisme animal*（1784）. 梅斯梅尔自称发现了诱导梦游，但似乎没怎么施行。

（Auvergne），而他正在那儿忙于各种自然科学领域的试验。德隆的一位学生来到了附近，立即治好了一个女人两年未曾治愈的疾病，这时蒙洛西耶决定试试催眠术。他立即取得了成功，这激励他到乡村四处旅行，治疗农民和贵妇，也使他抛开了与无神论若即若离的接触。他找到了一种更深层次、更加令人满意的科学，它为他的宗教情愫留下了空间，却又不排斥他对哲学的认同。他找到了《百科全书》中呼吁的"新帕拉塞尔苏斯"，一种浪漫的、生机论的自然科学，它曾激发过狄德罗的梦想和狄德罗的达朗贝尔（d'Alembert）的梦想。在蒙洛西耶看来，催眠术将"改变世界的面貌"。到1830年，这种热情仍然在他内心燃烧。"没有任何其他事情，包括大革命在内像催眠术那样给了我鲜活逼真的领悟。"①

　　催眠术对其追随者生活的影响可以从塞尔旺（A.-J.-M. Servan）的书信中看出来。他是一位知名的法律哲学家、卢梭主义者，与伏尔泰、达朗贝尔、爱尔维修、布丰等是朋友，相互之间有书信来往。塞尔旺绝不赞同盲目地跳入神秘的领域，而是强调必须依靠可以观察的事实，必须坚定地站在洛克和孔狄亚克从形而上学家那儿抢占过来的领地上。然而，他对科学进步的热情使他远远超出了经验的局限。气球飞行让他惊羡，他写信给一位不信奉催眠术的朋友说："至于电呢，我有一个电机

---

① *Memoires de M. le comte de Montlosier sur la Révolution Française, le Consulat, l'Empire, la Restauration et les principaux événemens qui l'ont suivie, 1755–1830* （Paris, 1830），I, pp. 132–140. 引文出自该书第137、139页。

器，每天给我带来巨大的快乐；但它带给我的惊讶比快乐还要
多。催眠术的各种效果未曾令我如此震惊：如果有东西能够向
我证明这个世界上的确存在一种普遍的液体，一种影响多姿多
彩的无数现象的独特介质，那这个东西就一定是我的电机器。
它跟我说着梅斯梅尔关于自然的语言，我听得如痴如醉。"塞尔
旺的电机器与亨利·亚当斯（Henry Adams）的发电机一样，将
他从科学思考领向宗教冥想。他继续写道："因为，我们究竟是
什么呢，先生，在我们最为精细的情感中，在我们最为阔大的
思想中？如果不是一架多少值得钦佩的风琴，由或多或少个音
管组成，那么我们究竟是什么呢？可风琴的声响以前没有，将
来也永远不会存在于笛卡尔的松果体、（一个无法识别的人
名——引者）的髓状物质，也不会像某些梦想者一样存在于隔膜
中，只会存在于推动整个宇宙的那个原则？人，虽有其自由，但
只能按照整个自然的节奏行走，整个自然则只能按照某个单一诱
因的节奏而运动。如果这个诱因不是一种渗入了整个自然的真正
普遍的液体，那它又是什么呢？"①

就算他们不做这种猜测，严肃的思想家也觉得必须严肃对

---

① Servan to M.-A. Julien, August 17, 1781（很可能是塞尔旺保留的原件副本），
Bibliothèque municipale, Grenoble, R 1044. 塞尔旺的其他信件也与此相类，表
现了谨慎的经验主义与玄妙的神秘主义的结合。例如，1788 年 4 月 16 日的
一封信（Grenoble N 1761）是梅斯梅尔来访的时候写的，他在信中警告说，
不能把梅斯梅尔的观点扭曲成一种神秘、形而上的体系。还有一封致朱利安
的信，日期只写了 "ce 11 mars"（R 1044），他在信中讨论了 "第一个物理
因素，受制于众多因素中的一个因素，众多生命体中的一个生命体；追溯到
这个物理因素就想喊停的人，就是该死的斯宾诺莎学说的信奉者"。

待催眠术，因为催眠术倡导者的说服力度和催眠术本身的流行程度，都迫使人们去检查他们的科学和宗教原则。孔多塞尽管代表了启蒙运动时期的很多态度，却反对催眠术。不过他也觉得必须解释清楚，于是把拒斥的理由写了出来。孔多塞写道，梅斯梅尔说服了一些知名人士，包括医生和外科医师，而且知名人士常常表现出对"异常事件"的偏好。众多体系都在争夺我们的忠诚，那么怎样才能区分事实与虚构呢？这个问题让18世纪的哲学家普遍感到头疼，孔多塞也没有满意的答案。"就异常事件而言，我们可以相信的见证者只有那些有能力对它们进行判断的人。"可是，证言相互冲突、纷纷扰扰，谁才可以被当作有能力的判断者和见证者呢？只能是"有良好声誉"的人，孔多塞下了这个结论，但他也承认："对人类理性来说，这很困难。"不是困难，而是勇敢，后来梅斯梅尔主义者如此回答。因为，如果遍及法国的各个体系是否合理要根据见证者的声望来决定，那么，在学院和沙龙组成的魔法圈之外就没有任何观点可言了。①

因此，催眠术代表的不仅仅是一个转瞬即逝的时尚。它甚至可以看作詹森主义的世俗复兴（梅斯特比较了塞尔旺的催眠术作品和帕斯卡的《致外省人信札》）。它触及了当时各种态度的核心，揭示了科学与宗教交叉的这个含混、猜测的领域对权威的需要。在私人化的个人书信和日记中，它是一件有关

_____

① 参见本书附录 6 选取的孔多塞手稿。

良知的事情，是对思想者各种信仰安排不善的挑战。在使它出现于公众面前的争论文献中，它是对权威的挑战——不仅挑战了埃尔维耶在教会里的上级，也挑战了既定的科学机构甚至政府。到1784年春天，在《布鲁塞尔报》问催眠术"会不会很快成为唯一普遍的疗法"的时候，政府已经有理由担心，催眠术是不是已经失控了——尤其是因为，我们下面将看到，巴黎警方已提交了一份秘密报告，说一些催眠师在他们的伪科学话语中掺入了激进的政治思想。①"圣梅达尔的坟墓也从没像催眠术那样吸引了这么多的人，催生了这多么异常的事情。最后，它终于赢得了政府的关注。"1784年4月24日的《秘录》说道，那是一篇关于指派皇家委员会对催眠术进行调查的报道——根据梅斯梅尔及其追随者的说法，那不是调查，而是让法国最享有特权但偏见最深的科学家来摧垮它。

　　该委员会享有特权，包括吉约坦（Guillotin）在内的四位巴黎大学医学部的著名医生，还有包括巴伊、拉瓦锡在内的五位法国科学院的院士，以及著名的本杰明·富兰克林。政府还指派了另一个委员会，五位成员来自巴黎大学医学部的对头——皇家医药学会，该学会曾自行展开过独立调查，并在报告中谴责了催眠术。不过，最为人们关注的还是第一个委员会。梅斯梅尔给富兰克林写了封公开信，不承认德隆

---

　　① *Journal de Bruxelles*，May 1, 1784, p. 36. 梅斯特对塞尔旺和帕斯卡的比较，参见 Grimm's *Correspondance littéraire*，XIV, p. 82.

的动物磁力学版本，但委员们还是不为所动，花了几个星期的时间听德隆讲解他的理论，观察他的病人痉挛和恍惚的状态。他们本人也经历了连续的催眠术疗法，但没有效果，随后他们决定在德隆诊所易使人激动的氛围之外检测其液体的效果。他们发现，错误地告诉一个女病人说她被隔着一扇门施行了催眠术，结果这个女病人出现了危象。在富兰克林位于帕西（Passy）的花园里，一位"敏感的"病人被依次领到五棵树前，其中只有一棵事先被德隆施行过催眠术，结果病人却在没被施行过催眠术的一棵树前晕倒了。在拉瓦锡家里，四杯普通的水被拿到德隆的一位病人跟前，第四杯使她痉挛起来，可是第五杯中的液体被施行了催眠术，她却很平静地喝了下去，她相信那只是普通的水。一系列类似实验以清晰、理性的语调被记录了下来，确立了委员会的结论：梅斯梅尔的液体并不存在；痉挛及催眠术的其他效果可能是由于催眠师的过度想象。①

　　这份报告让信奉催眠术的人沸腾了起来，他们撰写了铺天盖地的作品捍卫他们的事业，使其不受一小股自私自利的院士

---

① *Rapport des commissaires chargés par le Roi de l'examen du magnétisme animal*, drafted by Bailly（Paris，1784）；*Rapport des commissaires de la Société Royale de Médecine*，*nommés par le Roi pour faire l'examen du magnétisme animal*（Paris，1784）. 巴伊委员提交给国王的一份秘密报告还警告说，催眠术可能败坏道德。具有讽刺意味的是，和谐社第 103 位成员就是富兰克林那位纨绔的孙子——威廉·坦布尔·富兰克林（William Temple Franklin）。关于富兰克林在催眠术争论中的角色，参见 C. -A. Lopez，*Mon Cher Papa：Franklin and The Ladies of Paris*（New Haven，1966），pp. 168 – 175.

图 2 - 3　揭露催眠术（1784）

说明：本杰明·富兰克林手中拿着皇家委员会的调查报告，让催眠师乱成一团，他们像一群江湖骗子那样带着劫来的财物逃跑，身后留下一只破桶。

的侵害。在他们眼里，这是关乎人类的大业。在一份接一份出现的宣传手册中，他们重复着相同的论点。委员会拒绝调查梅斯梅尔本人奉行的正统信条，表明他们存有偏见；仅靠想象不可能产生催眠术的那些罕见效果；委员会成员忽略了能证明这种液体力量的最重要证据，那就是它治愈的几百起病例；还有，无论怎么说传统医药的致命特性是确定无疑的。这些手册今天读来枯燥无味，但其数量本身就证明了 1784 年那份报告所激发的愤怒。①

愤怒被进一步点燃，起因是一场嘲讽催眠术的运动。正如 1784 年 11 月 27 日的《巴黎日报》报道《现代医生》在意大利喜剧院（Comédie Italienne）开演时所说："对我们有如此确定效果的那件武器。"该剧显然讽刺了德隆 ["医生"（le docteur)]、梅斯梅尔 ["卡桑德拉"（Cassandre)] 是无耻的骗子（"我毫不在意，我处处/被人称作糟糕的医生/如果我能成为有钱的医生"），以及他们的追随者，表演追随者的是一个合唱团，他们围着一个催眠术用的木桶形成一个"链"来演唱剧终曲。《现代医生》连演了 21 场，这对一部这样的时事性戏剧来说已经是了不起的成功了。这部剧为无穷无尽的谣传、拉阿尔普等文学专家所写的文章以及梅斯梅尔支持者的愤怒反击都提供了材料。催眠术支持者的反击是由让 - 雅克·德普雷梅尼领导的，后来他领导了巴黎高等法院对政府进行的攻击。在前期的一场演出中，德普雷梅尼从第三排前座上将宣传手册扔给观众，他在手册中谴责该剧恶意诽谤。他试图通过高等法院、警察甚至国王本人来压制这场恶行，但没有成功。于

---

① 在关于该委员会报告的作品中，论证最好、引用最多的文章，除了贝尔加斯的作品外，尚有 J. B. Bonnefoy, *Analyse raisonnée des rapports des commissaires chargés par le Roi de l'examen du magnétisme animal*（Lyons, 1784）；J. -M. -A. Servan, *Doutes d'un provincial proposés à MM. Les médecins commissaires chargés par le Roi de l'examen du magnétisme animal*（Lyons, 1784）；J. F. Fournel, *Remontrances des malades aux médecins de la faculté de Paris*（Amsterdam, 1785）.

是他发布了一份宣言，宣布他本人对催眠术的信仰，并让人将宣言书扔向正在观看另一场演出的观众。"我是地方官，但也是梅斯梅尔先生的学生，如果由于个人所处位置我不能向他直接提供法律援助，至少从人类的名义上，对于他这个人和他的发现，我也应该公开表达我的崇敬和感激，故借此予以申明。"另一位催眠术追随者甚至还让他的随从制造混乱，企图中止其中一场演出。然而，他的随从不知道有两部剧连演，竟在另一部剧上演时吹起了口哨。这部剧的嘲讽以及反催眠术宣传手册和诗歌扼住了催眠术运动发展的势头，这一点无法阻止。托马斯·杰弗逊（Thomas Jefferson）——美国驻法代表，其坚定的理性主义使他认为催眠术是"性质非常严重的罪责，若在美国，必定会吃官司"——在1785年2月5日的日记中他扼要地记录道："动物磁力学已死，遭人嘲讽。"①

催眠术比托马斯·杰弗逊想象得要更有活力，其强劲势头一直维持到大革命发生前夕。尽管1785年之后相关宣传手册

① *Les Docteurs Modernes*, *comédie-parade en un acte et en vaudeville suivie du Baquet de Santé*, *divertissement analogue*, *mêlé de couplets...*（Paris, 1784），p. 5. 原文为"Peu m'importe que l'on m'affiche/Partout pour pauvre médecin, /Si je deviens médecin riche."J. -J. Duval d'Eprémesnil, *Réflexions préliminaires à l'occasion de la pièce intitulée les Docteurs Modernes...*; *Suite des Réflexions préliminaires à l'occasion des Docteurs Modernes*; *The Papers of Thomas Jefferson*, ed. J. P. Boyd（Princeton, 1950 – ），VII，p. 635. 关于当时人们对《现代医生》事件的记录，参见 *Journal de Paris*, November 18, 27, 28, 1784, pp. 1355, 1405, 1406, 1410, 1411, and January 18, 1785, p. 76; La Harpe, *Correspondance littéraire*, IV, p. 266; Grimm's *Correspondance littéraire*, XIV, pp. 76 – 78; *Mémoires secrets*, November 23, 1784, p. 29.

的数量下降了，巴黎两家剧院还是认为催眠术是个流行话题，足以在 1786 年上演两部模仿《现代医生》的戏剧，分别为《外科医师》（*La Physicienne*）和《人人喊打的医生》（*Le médecin malgré tout le monde*）。1784 年 12 月 11 日，《布鲁塞尔报》报道了梅斯梅尔信条的韧性："它经受了最为尖刻的嘲讽。如果说首都从的确具有喜剧性的木桶场景中找到了乐子，外省区还是严肃对待这些场景的，真正狂热的治疗师就在那些地方。"治愈病例的报道源源不断地从各地催眠术中心涌出来，以此来看，1786～1789 年该运动的主要推动力是首都之外的各省。例如，皇家医药学会一位名叫卡斯特尔的通讯员于 1785 年写道，镇上人们除了催眠术，别的什么都不谈，连头脑最冷静的人都是如此。刊在 1786 年 3 月 24 日《秘录》上的一封来自贝桑松（Besançon）的书信写道："你肯定无法相信催眠术在这个镇上取得了多快的发展，涉及每一个人。"反对催眠术的皇家医药学会于 1785 年发布了一项大规模调查的报告，表明法国有一定规模的城镇都有催眠术治疗场所。德普雷梅尼等主要催眠术信徒将他们的信仰传播至全国各地。1786 年春天，梅斯梅尔本人得意扬扬地访问了南部诸省的各和谐社分支。到那时，最活跃的群体之一斯特拉斯堡兄弟会和谐社（Société Harmonique des Amis Réunis of Strasbourg）已经渐渐涉入唯灵论的深水区。该社团的保护人是地方行政长官热拉尔（A. C. Gérard）。在巴黎接受催眠术信条之后，他给一位朋友写信道："我花了很大工夫以得到指导……我已经坚定地相信，这种介质不仅存在，而且有用。因为我受欲望驱使，希望为我们的城市获取一切可能的利益，所以我已经在这方面有了一些想法，等它们再稍微清晰一点儿我就告诉你。"1787 年，斯德哥尔摩斯维登堡释经与慈善社（Swedenborgian Exegetical and Philanthropic Society of Stockholm）给斯特拉斯堡的催眠术追随者寄去一封长信，还有一份斯维登堡手册，允诺更大范围的灵性体验。天使已经占据了斯德哥尔摩梦游者的内在灵魂，信中传达了"一种预兆，虽然微弱，却昭示了与不可见的世界首次直接交流"。该信认为，催眠术与斯维登堡主义两者完美互补，而斯特拉斯堡与斯德哥尔摩的社团也应当合作，通过传播对方的作品来振兴人类。①

里昂的催眠术支派与斯特拉斯堡支派相似，这一点在意料之中。两个城市中的主要神秘主义者，让－巴蒂斯特·维莱莫

---

① *Extrait de la correspondance de la Société Royale de Médecine, relativement au magnétisme animal*；par *M. Thouret*（Paris，1785），p. 11 and passim. 斯特拉斯堡的皇家执政（Préteur royal）热拉尔的一封日期为 1784 年 5 月 8 日的书信及其他书信，表明他直到此时都在利用自己的职位来提倡催眠术，比如任命大学医学部新成员等事项，信件藏于 Archives de la ville de Strasbourg，mss AA 2660、2662（尤其参见 1784 年 7 月 10 日、8 月 11 日及 22 日、10 月 3 日及 19 日的信件）。瑞典文信件日期为 1787 年 6 月 19 日，由美国催眠师兼斯维登堡主义者乔治·布什（George Bush）发表，见 *Mesmer and Swedenborg. . .*（New York，1847），p. 265. 德普雷梅尼给 *Rapport des cures opérées à Bayonne par le magnétisme animal. . .*（Bayonne，1784）写了注解，并于 1784 年 12 月访问了波尔多和谐社。他记载道："八次聚会，每次几小时，执政官清晰、有力而高雅地勾勒了梅斯梅尔先生著名的思想体系，令观众沉醉。"*Recueil d'observations et de faits relatif au magnétisme animal. . .*（Philadelphia，1785），p. 65.

（Jean-Baptiste Willermoz）、佩里斯·迪吕克（Perisse Duluc）、鲁道夫·扎尔茨曼（Rodolphe Saltzmann）和贝尔纳·德·图克海姆（Bernard de Turckheim）等人，因为共济会的联系而团结起来。不过，里昂人却有确定病人疾病位置的独到方法。他们不用触摸病人，只靠催眠师的感觉。在巴贝兰骑士（the Chevalier de Barberin）的领导下，他们用这种方式对生病的马匹施以催眠术，用尸体解剖来验证他们的诊断，结果令他们自己满意，就算没让别人满意。有人质疑说，催眠术只影响想象，而想象的能力"牲口－机器"应该是缺乏的，因而他们也以这种方式回应了别人的质疑。令里昂派自豪的还有珀特坦（J. H. D. Petetin）发现的诱发性僵硬症。在这种症状下，病人有时候会看到他们自己的内脏。珀特坦的追随者开启了通往无痛催眠拔牙和截肢的道路，将催眠术的各种争议一直延续到 19 世纪。但里昂最有争议的催眠术派别，与根植于传统的神秘主义土壤的各种唯灵论派系有关联。里昂的催眠术社团协和社（La Concorde）蓬勃发展，倚仗了玫瑰十字会员（Rosicrucians）、斯维登堡主义者、炼金术士和秘法师，还有五花八门的神智学者，主要是从具有共济会性质的圣城善骑士团（Ordre des Chevaliers Bienfaisants de la Cité Sainte）中招募成员。这些神秘主义的共济会士很多也是蜜会（Loge Elue et Chérie）的成员，这是个唯灵论的秘密社团，打算根据上帝赐予社团创始人让－巴蒂斯特·维莱莫晦涩难懂的话，传播真正的、原始的宗教。上帝同时在通过其他途径向维莱莫传递信息，比如协和社的梦游师、善骑士团的传统秘密及其他神智群体，包括马丁派的当选牧师骑士团（Ordre des Chevaliers des Elus Coëns）。维莱莫的密友路易-克劳德·德·圣马丁（Louis-Claude de Saint-Martin）——法兰西最具影响力的马丁派领导人——帮助他协调这些信息，就像他帮助巴伯林和皮塞居尔理解他们发现的意义一样。圣马丁完全能够胜任催眠术派形而上学顾问的角色，因为他此前一直密切关注这项运动，并于1784年2月4日作为第27位成员加入了巴黎和谐社。但是他觉得，梅斯梅尔强调磁液的做法可能会导致物质主义，并使其追随者暴露在一种被称作"星智"（astral intelligences）的精灵的邪恶影响之下。圣马丁是从马丁派创始人马蒂内·德·帕斯夸莱（Martines de Pasqually）那儿得知这种精灵的。马蒂内·德·帕斯夸莱传播的信条是奥秘教义、犹太教法典传统和天主教神秘主义的混合。圣马丁从中汲取了他本人作品的核心主题：物质世界依附于一个更加真实的精神领域，原始人曾一度控制过这个领域，现代人则必须被"重新融入"这个领域。维莱莫的秘密信息承诺能够揭示这种原始宗教，并实现重新融入。皮塞居尔的梦游学说能够直接与精神世界沟通，而巴伯林的催眠技巧废除了任何物质意义上的液体，从而削弱了旧式"液体派"的根基。这样，圣马丁把催眠术各后期流派编织成了一种神秘的、有浓郁马丁派特色的混合物。人们对梦游学说的热情为之推波助澜，使其成为在旧制度最后几年内催眠术思想的典型特征。①

随着大革命的来临，催眠师越来越倾向于忽视患者，而去解读各种神秘文字、操控魔法数字、与神灵交流，或者去听演讲。比如下面这一段，据说是向波尔多和谐社介绍了一种关于埃及宗教的论述："看一看吧，我的兄弟们，看看社团这幅和谐的场景，笼罩着这个神秘的桶。这是伊西斯的桌子，它是最为罕见的古董之一，催眠术发轫之际就是在这儿被人看见，在我们动物磁力学的第一代先辈的象征性文字中，只有催眠师才拥有解读这些文字的钥匙。"到1786年，连巴黎的和谐社都落入了唯灵论者的控制，主要是神秘的费拉勒特团（Ordre des Philalèthes）的创始人萨瓦勒·德·朗热（Savalette de Langes）。各种形式的神秘主义，只要他和他的密探能够渗透就都有所涉猎。不过，对里昂的狂热者来说，巴黎的母社还是

---

① 当时有大量文献论及催眠术的后期发展，尤其是在巴黎之外的各省区，例如 Pierre Orelut, *Détail des cures opérées à Lyon...* （Lyons, 1784）；Michel O'Ryan, *Discours sur le magnétisme animal* （Dublin, 1784）；J. -H. -D. Petetin, *Mémoire sur la découverte des phénomènes que présentent la catalepsie et le somnambulisme* （1787）；*Réflexions impartiales sur le magnétisme animal...* （Geneva, 1784）；*Système raisonné du magnétisme universel...* by the Ostend society （1786）；*Règlements des Sociétés de l'Harmonie Universelle, adoptés... le 12 mai 1785*；*Extrait des registres de la Sociétés de l'Harmonie de France du 30 novembre 1786.* 另参见 J. Audry, "Le mesmérisme à Lyon avant la Révolution," *Mémoires de l'Académie des sciences, belles-lettres et arts de Lyon*, ser. 3 （1924）, XVIII, pp. 57 – 101；Papus （Gérard Encausse）, *Louis-Claude de Saint-Martin* （Paris, 1902）；Alice Joly, *Un mystique lyonnais et les secrets de la franc-maçonnerie, 1730 – 1824* （Mâcon, 1938）. 最后这本书是一部维莱莫的传记，在争议颇多的共济会问题上采取了合理的立场且论证翔实。

显得太保守了。里昂派与巴黎母社割断了联系，斯特拉斯堡派虽维持了与巴黎母社的附属关系，却在他们泛滥的梦游主义行为上与巴黎母社发生过公开争吵。常常与圣马丁和贝尔加斯一起施行催眠术的波旁女公爵（Duchesse de Bourbon）有一处神秘主义者的聚会场所，巴黎派中更加冒险的那些人在这儿总是受到欢迎。贝尔加斯还常常光顾施威策尔（J. C. Schweizer）和他的妻子玛格达莱妮（Magdalene）在家中举行的唯灵论者聚会。施威策尔夫妇首倡了他们的亲戚、苏黎世的催眠师兼神秘主义者拉瓦特尔创立的观相术理论。其他形式的德国神秘主义也沿着卡廖斯特罗的路线，通过斯特拉斯堡兄弟会纷纷涌入法国。其他唯灵论者，比如雅克·卡佐特（Jacques Cazotte）也在法国催眠师中传播他们的信条。奥伯基希男爵（Baronne d'Oberkirch）与巴黎及斯特拉斯堡的催眠术圈子过从甚密。在明显写于 1788 年的一段话中，他描述了这些小组举行的几次通灵会，并总结道："毫无疑问，玫瑰十字会员、炼金术士、预言家，以及与他们相关的一切从没像现在这样，数量如此庞大，如此有影响力。谈话几乎全部都是关于这些事情的。它们占据了每个人的思想；它们激发了每个人的想象……看看我们周围吧，都是巫师、社团成员、通灵师和预言家。每个人都有一个，并且依赖于他。"①

---

① J. B. Barbéguière, *La maçonnerie mesmérienne. . .*（Amsterdam，1784），p. 63（引文是这种催眠术的典型，尽管其来源不可靠）；*Mémoires de la baronne d'Oberkirch sur la cour de Louis XVI et la société française avant* 1789. . . ed. Comte

这种五彩纷呈、唯灵论式的催眠术将在 19 世纪复兴，到 1789 年已经传播到了欧洲其他地区。梅斯梅尔的观点已经挣脱了他的控制，在超自然的领域内恣肆，虽然他本人相信，他的观点应该与那些领域无关。不过到那时候，他已经离开法国，希望在英国、奥地利、意大利、瑞士和德国的旅行中寻找新的机遇。1815 年，他在德国靠近他出生地的一个地方去世了。我们可以让他离开我们这段叙事，进入他不为人知的大革

de Montbrison（Brussels, 1854），Ⅱ，pp. 67 – 77，158 – 166，294 – 299（引文出自第 299 页）。另参见 Comte Ducos，*La mère du duc d'Enghien*，*1750 – 1822*（Paris, 1900），pp. 199 – 207. 神秘主义流行的更多证据，可参见 *Journal des gens du monde*（1785），IV，p. 34；（1784），I，p. 133. 关于施威策尔－拉瓦特尔小组，参见 David Hess，*Joh. Caspar Schweizer：ein Chrakterbild aus dem Zeitalter der französischen Revolution*，ed. Jakob Baechtold（Berlin, 1884）；G. Finsler，*Lavaters Beziehungen zu Paris in den Revolutionsjahren*，*1789 – 1795*（Zurich, 1898）. 巴黎母社与斯特拉斯堡社团之间的争吵发表于 *Extrait des registres de la Société de l'Harmonie de France du 4 janvier 1787*；*Exposé des cures opérées depuis le 25 d'août*（Strasbourg, 1787）. 与德普雷梅尼一样，贝尔加斯也实验了多种神秘主义，其文稿存于 Château de Villiers，Villiers，Loir-et-Cher，包括他复制的圣马丁的神秘主义作品《谬误与真理》（*Des erreurs et de la vérité*），还有他写于 1818 年 3 月 21 日的一封信，表明他当时介入了一项重印圣马丁作品的计划。在 1789 年 5 月 7 日写给未婚妻的信中，他把自己说成"几乎是拉瓦特尔那样的面相师"（presqu'aussi physionomiste que Lavater）。文稿中还有贝尔加斯描写雅克·卡佐特的草稿，发表在米肖（Michaud）的《古今传记》（*Biographie Universelle*）上，表明他对旧制度后期各神秘主义派别有详细的了解。卡佐特是有影响的一位马丁派文人，写了一部催眠术作品，出版为 *Témoignage spiritualiste d'outre-tombe sur le magnétisme humain*，*Fruit d'un long pèlerinage, par J. -S. C...*，*publié et annoté par l'abbé Loubert...*（Paris, 1864）. 关于卡佐特最为详尽的研究，参见 E. P. Shaw，*Jacques Cazotte*，*1719 – 1792*（Cambridge, MA, 1942）。但这本书并未提到卡佐特文学生涯的这个方面。

命后的生涯，但在此之前有必要叙述一下巴黎和谐社内部的一次分裂，它产生了催眠术运动中的激进因素。贝尔加斯有控制社团会议的倾向，使他与梅斯梅尔之间有过几次冲突。到1784年7月，他们之间的争吵几乎要把社团分裂成相互敌对的两个派系了，只是大家抵制委员会的报告、捍卫共同事业才把社团的和谐维持到了11月。那时一份关于修订社团章程的提议引起了争论，并导致了最终的分裂。由贝尔加斯、科恩曼和德普雷梅尼领导的一个委员会要求修订章程，以为公开传播信条提供资金，因为给梅斯梅尔的会费这时已经交完了。梅斯梅尔予以阻止，要求更多的钱，最后于1785年5月召集了社团全体大会。大会上通过的章程保证了他对运动的最高指导权及其信条的秘密性。尽管有各种各样的策略，也有人努力安排双方妥协，德普雷梅尼还以他最佳的议会辩论式风格发表了高论，大会还是把贝尔加斯的派系驱逐了出去，并接管了夸尼旅馆。被驱逐者召集了一次针锋相对的大会，通过了德普雷梅尼起草的章程，然而到了6月，他们承认大部分成员还是忠于梅斯梅尔，他们的残余组织已经崩溃了。但是，他们继续非正式地在科恩曼的家里聚会。在那儿他们摆脱了和谐社正统的约束，逐渐形成了催眠术理论的社会和政治层面。①

---

① 参见第44页脚注①所列文献，另参见 *Extrait des registres de la Société de l'Harmonie de France du 30 November 1786.* 该文以亲梅斯梅尔的笔调记叙了这次分裂及随后和谐社的重组，故能与注第44页脚①所列文献平衡。巴黎社文稿藏于 Bibliothèque historique de la ville de Paris, ms série 84 and Collection

根据贝吕埃神父（Abbé Barruet）的想象，一个巨大阴谋在大革命前的法国酝酿，催眠术自然也在劫难逃，但和谐社一点儿也不像是革命的细胞。① 首先，正如一位可能加入的成员所说，100 个金路易的入会费是加入社团的"巨大障碍"（un furieux obstacle）。与当时各种无害的共济会社团一样，和谐社在聚会时也实行"完全的平等"，正如安托万·塞尔旺（Antoine Servan）在为催眠术辩护时所强调的那样，聚会上有"各种等级的人，被同一条纽带联结起来"。梅斯梅尔本人自负地说："我并不感到惊讶，出生高贵的人的自尊，在我这儿因为各种阶层混杂而受到了伤害，对此我毫不在意。我的人性容纳了社会的所有阶层。"但是，100 个金路易的会费几乎将社团的成员完全限制在富有的资产阶级和贵族。正如一份反催眠术传单所说，甚至连其治疗过程中的平等主义也是虚假的。"门关上了，人们根据捐赠的顺序就座，小资产阶级这一刻觉

_____

Charavay, mss 811 and 813. 这些文稿表明贝尔加斯小组被清洗出去之后，巴黎社由萨瓦勒·德·朗热、德·邦迪（de Bondy）、德·拉维涅（de Lavigne）、巴舍利耶·达热（Bachelier d'Ages）、贡博（Gombault）、古伊·达尔西侯爵（Marquis de Gouy d'Arsy）等人掌控。

① 参见 Abbé Augustin de Barruel, *Conjuration contre la religion catholique et les souverains...* （Paris, 1792）, p.161; *Mémoires pour servir à l'histoire du jacobinisme* （Hamburg, 1803）, V, p.93, and Ⅱ, pp.317 – 323; J. P. L. de Luchet, *Essai sur la secte des illuminés* （Paris, 1789）, pp.21 – 22, 85. 贝尔加斯说贝吕埃部分回忆录是基于"一个无赖提供的证据。他让人传讯了博普瓦尔侯爵，迫使之前由于同情而收留了他的科恩曼把他赶了出去，因为他发现他以最下流的手段背叛了我们"。一封给他妻子但未注明日期的信，见于 Château de Villiers 所藏文稿。

得自己成了与蓝带骑士平等的人物，忘记了这把镶着金边的猩红色天鹅绒椅子将会花掉他们多少钱。"巴黎社准确的社会构成难以断定，因为成员共430名，他们的社会地位不能一一确定。不过社团成立几个月内出版的一份手册能反映社团的性质。该手册称，当时社团包括"48个人，其中有18位绅士，几乎都出身高贵；2位马耳他骑士；1位非常显赫的律师；4位医生；2位外科医师；7、8位银行家或商人，有些已经退休了；2位牧师；3位修士"。外省区社团的相关信息表明，它们的贵族要少一些。例如，波尔多和谐社的59名成员中，有20位商人、10位医生，只有2位贵族。完全由资产阶级构成的贝尔热拉克（Bergerac）和谐社后来演变成了当地的雅各宾派俱乐部。但巴黎社拥有当时法国一些最大的贵族——洛赞公爵（the Duc de Lauzun）、夸尼公爵（the Duc de Coigny）、塔利朗男爵（the Baron de Talley-rand，未来外交大臣的表弟）、若古侯爵（the Marquis de Jaucourt）等，其成员经常吹嘘社团中的廷臣数量，以确立其事业的高贵特性，塞居尔伯爵（Comte de Ségur）甚至以此向王后辩护。梅斯梅尔的和谐理想很容易被看作一个政治寂静主义（quietism）的方案，一份建议"应给政府以盲目尊重"的催眠术手册就暗示了这一点。"我们不是说过，一切行动，乃至一切念头若想扰乱社会秩序就违背了自然的和谐？"另一份手册用田园式的场景来吸引观众。在这种场景里，有一位催眠师是"庄园主，不施计谋、无忧无虑，他出场只是为了维持秩序、接受致敬"。和谐社没有孕育出一个革命派系，而是为富人和权贵提供了一种流行的客厅游戏。①

　　社团的组织和仪式也证实了这一判断。连梅斯梅尔的治疗也暗示了其雇主的高贵身份。他的四个桶中，有一个是专为穷人保留的，不收费，很少使用，但另外三个桶必须很早就提前预约，像剧院中的座位一样，据说这三个桶每月能带来300个金路易的收入。鲜花把"高贵女士"的桶隔开，据说梅斯梅尔的德裔门房用三种哨子来宣布顾客的光临，病人社会地位不同，所用哨音也不同。社团在夸尼旅馆聚会，梅斯梅尔住在那儿并施行治疗。社团官员有变动，但一般包括永久主席梅斯梅

---

① 以上引文分别来自科尔伯龙男爵（Baron de Corberon）的日记，见 Bibliothèque municipale, Avignon, ms 3059; J. -M. -A. Servan, *Doutes d'un provincial*, p. 7; Mesmer, *Précis historique*, pp. 186 – 187; *Histoire du magnétisme en France, de son régime et de son influence...* (Vienna, 1784), pp. 17, 23; *Nouvelle découverte sur le magnétisme animal...*, pp. 44 – 45; *Lettre de M. Axxx à M. Bxxx sur le livre intitulé*: *Recherches et doutes sur le magnétisme animal de M. Thouret* (1784), p. 21. 巴黎社完整的会员名单，参见 *Journal du magnétisme*, (Paris, 1852). 名单上能够确定身份的成员是富有的资产阶级和贵族。波尔多社成员名单，参见 *Recueil d'observations*. 关于贝尔热拉克社的研究，见 Henri Labroue, *La société populaire de Bergerac avant la Révolution...* (Paris, 1915). 关于巴黎社中最为轻浮人物的描写，参见 *L'Antimagnétisme...* (London, 1784), p. 3. 具体描写为："追寻朦胧、神秘、有寓意的事情，这在巴黎很盛行，如今也吸引了几乎所有有钱人……但被认为很强大的动物磁力此刻成了最为流行的玩偶，这让多数人摇头置疑。"另参见 Grimm's *Correspondance littéraire*, XIII, pp. 510 – 515; the Comte de Ségur, *Mémoires ou souvenirs et anecdotes* (Paris, 1829), II, pp. 60 – 61; *Système raisonné du magnétisme universel...* (1786), p. 97. 其中印行了1786年的社团规章，给予"会员观点上的自由与平等"。

尔，他不擅法语，不能常常参加聚会；副主席阿德里安·迪波尔，高等法院的成员以及未来的斐扬派（Feuillant）领导人；副主席沙特吕侯爵（the Marquis de Chastellux），著名的战士和文人；演说员贝尔加斯，有时候有他人辅助；会计科恩曼；一两位司仪官；一位档案员及一至四位秘书。每位成员都从梅斯梅尔那儿获得一份精心制作的证书，明确他保密的义务，并确认他在追随者等级体系中的位置：贝尔加斯第1位，科恩曼第2位，迪波尔第34位，拉斐特第91位，德普雷梅尼第136位。控制社团聚会的贝尔加斯宣称，他希望聚会是纯粹哲学性的，但是"我被要求为这个社团提供规章，社团一开始的名称与我的愿望相背，被冠以分社（lodge）这样一个荒谬的名称"。①

治疗、入会典礼、培训课程糅杂了神秘科学和共济会式的仪式，这一点可以从科尔伯龙男爵的日记摘要中判断出来。关于该社团活动的唯一直接记录，便是科尔伯龙男爵写的（附录3）。科尔伯龙注意到，夸尼旅馆会议室中举行的正式聚会体现了强烈的共济会影响，但他对培训课程的描写很像对巴黎各博物馆、讲堂举行的科学讲座的报道。贝尔加斯对

---

① 贝尔加斯的话见于他的 Observations, p. 17. 关于和谐社的相关细节，参见 Histoire du magnétisme en France...（Vienna, 1784）；Testament politique de M. Mesmer...（Leipzig, 1785）. 社团的部分文献、部分证书、梅斯梅尔与他学生之间各种各样的协定、大多写于1786年之后的通信、会议记录及其他文件，藏于 Bibliothèque historique de la ville de Paris, ms série 84; Collection Charavay, mss 811, 813.

新手采取了教授式的方法。他做讲座时手执教鞭，绘出复杂的图表，排列蜡丸用来表示原子在空间中的运动，甚至还写了一本似是而非的科学教材，包括分子撞击示意图、磁流图，以及光、热、重力、电等其他液体的图解，或相互吸引，或相互排斥，或膨胀，或旋转，一应俱全。在入会仪式上，新成员背诵宗教誓言，各自在适当的位置上与司仪官达成催眠术式的"和谐"；司仪官则拥抱他们，并说："去吧，触摸，治疗。"科尔伯龙写道，仪式结束之后，新人被分成两个学习小组，在接下来的一个月内，学习小组每周聚会三天，为完全的成员身份做准备。科尔伯龙参加的 11 次聚会主要是贝尔加斯做讲座，内容大致与他在《动物磁力学思考》（*Considérations sur le magnétisme animal*）中发表的观点一致。贝尔加斯解释了三个基本原则，即上帝、物质和运动，具体为梅斯梅尔磁液在行星、一切躯体中尤其是在人体中的运动；催眠术的技巧；疾病及治愈方法；本能的性质；通过磁液运动对人内部感官的作用而获得的神秘知识。科尔伯龙注意到，贝尔加斯控制了聚会，以至于"巴黎有很多赞同的人愿意去学习施行'贝尔加斯术'，就像他们愿意去学习'梅斯梅尔术'一样"。现存的该社团文献与科尔伯龙的日记一样，没有政治活动的迹象。该社团有大量通信，现仅存 103 封，主要是常规的成员申请函，其中充斥着当时很常见的人道主义词句。一位名叫奥利维耶（M. Oliviez）的人写的一封信就是个好例子，他说他拥有"好液体"，希望能加以使用，以

"减轻人类的苦难"。①

　　创立之初，和谐社的目的是要保证梅斯梅尔的信条和前途在学术团体和政府的威胁下得以存续。到分裂的时候，该社团已经充斥着贵族、显赫的资产阶级，甚至还有一位院士，即沙特吕侯爵。他的一篇文章收入贝尔加斯的《动物磁力学思考》，讨论的是催眠术式、抗重力的"地球特殊分泌物"。此类合作很可能打开了通向某些时尚沙龙的大门，这一点贝尔加斯可能很喜欢，但他被逐出之后大门又关上了，这让贝尔加斯开始憎恶那种时尚、高贵的催眠术样式。他和他被驱逐的朋友在几本手册中谴责了"那不和谐的一伙"（cette espèce criard），指责梅斯梅尔利用他的发现谋利，没能尽到公开秘密、造福人类的义务。他们自己尽到了这个义务，举办了关于催眠术的公开演讲课程，从 1785 年夏天开始，至少持续到 1787 年春天。讲座多由贝尔加斯和德普雷梅尼主讲，与梅斯梅尔的观点已经颇有不同。正如贝尔加斯所说："我推翻了他体系的根基，在他体系的废墟上我建起了新的大厦，我相信新的大厦要宽敞得多、坚固得多。"摆脱和谐社那些束缚手脚的组织和教条之后，贝尔加斯在总结他与梅斯梅尔的不同之处时，形成了其理论的社会和政治层面。用他自己的话说，就是他自己关于"普遍道德，关于立法的原则，关于教育、习惯、艺术等"的观点。贝尔

---

　　① 关于入会仪式的描写，参见 The Ostend society, *Système raisonné du magnétisme universel*, p. 110. 自 1786 年起的书信，藏于 Bibliothèque historique de la ville de Paris, ms série 84.

加斯和他的朋友更加大胆地形成他们的观点，因为他们在科恩曼的房子里私下举行非正式的聚会，贝尔加斯当时未婚，在那儿一直住到大革命前。科恩曼小组斥责梅斯梅尔，认为他背叛了该运动反抗"学院专制"的初衷，而他们则将这场斗争扩大为反抗政治专制的战役。[①]

　　分裂发生后这个群体的情况缺乏相关描述，但其成员很可能包括科恩曼、贝尔加斯、德普雷梅尼、拉斐特和亚德里安·迪波尔。到最为活跃的时候，即1787～1789年，该小组已经把催眠术放到了一边，以便全力应对政治危机，而且已经吸纳了非催眠术成员，比如后来吉伦特派领导人艾蒂安·克拉维埃（Etienne Clavière）和安托万 - 约瑟夫·戈尔萨斯（Antoine-Joseph Gorsas）。雅克 - 皮埃尔·布里索于1785年夏天加入了该小组。人们普遍为催眠术着迷，催眠术文章也颇有说服力。受此影响，布里索找到了贝尔加斯，贝尔加斯演示了"几个非常罕见的事实"，便让布里索信奉了他的事业，随即两人开始几乎每天见面，"关系极为密切"。布里索为他写了催眠术宣言《说给巴黎学院院士听的一句话》（*Un mot à l'oreille des académiciens de Paris*），他是科恩曼小组的核心成员，因为他是

---

① Nicolas Bergasse, *Considérations sur le magnétisme animal...* （The Hague, 1784）, p. 148; Bergasse, *Observations*, pp. 53 - 54; Bergasse, *Supplément aux Observations*, pp. 20, 27. 梅斯梅尔本人在他的《动物磁力学发现者的信》（*Lettre de l'auteur de la découverte du magnétisme animal*, p. 2）中提到了分裂派信条中的这一趋向："你会自豪地宣称创造了……一种新逻辑、新道德、新法律吗？"

在受到贝尔加斯一次"深情疗程"（épanchement）的激发之后写好这份宣言的。宣言对贝尔加斯和德普雷梅尼大加赞扬，却只字不提梅斯梅尔。"贝尔加斯把催眠术奉上神龛，实际上只是想供奉自由，他并没有对我隐瞒这一事实。'法国需要的这场革命，'他曾对我说过，'现在是时候了。但是，如果想要公开引发革命，那只会让革命失败；要成功，就必须让自己被神秘包裹，就必须以物理实验为借口团结人们，而实际上是为了颠覆专制。"正是带着这样的想法，他在科恩曼的房子里组织了一个团体，他们公开表达进行政治改革的欲望。这个小组的成员包括拉斐特、德普雷梅尼、萨巴捷（Sabathier）等。还有一个更小的作家群体，他们用自己手中的笔为革命做准备。正是在这样的晚宴上，一些最重要的问题得到了讨论。德普雷梅尼曾在那儿宣传共和主义，但是除了克拉维埃之外，谁也不欣赏。他只想让法国"去波旁化"（de-Bourbonize）（这是他本人的表述），让高等法院治理法国。贝尔加斯希望有国王和两院，但最重要的是，他希望亲自起草计划，并让计划不折不扣的得以执行。他狂热地相信自己是莱克格斯（Lycurgus）。

迪波尔写道："不可否认，贝尔加斯和在他（科恩曼的）房子中集会的那些人为加速革命做出了独特的贡献。他们制造的宣传手册数量多得无法统计。正是通过这个渠道，1787～1788年几乎所有反对政府的作品才得以发布，而且我们也应该给予科恩曼他应得的认可：他将自己的部分财产献出来，资助这些出版物。其中几份小册子出自戈尔萨斯之手，当时他正在试用他的讽刺艺术，他常常用这种手法撕开君主制度、独裁政体、斐扬主义（feuillantism）和无政府状态。卡拉在这些斗争中也有出色的表现，我在一定程度上也参加了这些斗争。"①

　　科恩曼小组在大革命前扮演的关键角色，并非本书研究的范围，但这一点必须提及，因为它是一个例子，说明了激进特征在这个流行的、非政治性的催眠术运动内部最终形成。同时其存在提出了一个问题：催眠术中究竟是什么东西吸引了大革命前的激进心态？

---

① *Mémoires de J. -P. Brissot*（*1754 – 1793*），*publiés avec étude critique et notes*，ed. Claude Perroud（Paris，1911），Ⅱ，pp. 53 – 56. 与布里索回忆录中所有内容一样，这些段落都表明他在被处决前不久渴望证明他早期对革命事业的投入。尽管布里索没有说迪波尔是小组成员，尽管没有记录表明迪波尔在和谐社分裂时的立场，但是，当时社团的副主席迪波尔几乎肯定和科恩曼小组站在一边。巴黎历史图书馆（Bibliothèque historique de la ville de Paris）所藏 1786 年的档案表明，梅斯梅尔在分裂后重新创立的"法兰西和谐社"（Société de l'Harmonie de France）的领导者和成员名单中没有迪波尔的名字。科恩曼显然把自己的文稿交付给了迪波尔，因为迪波尔本人的所有文稿在大革命中被扣押，其中提到了各种各样的催眠术文献（很可能是分裂之前的社团档案，巴黎历史图书馆现藏文献中没有），包括一些收据，"这是提供给名叫科恩曼（Korneman，原文如此）的人的。根据记录他和梅斯梅尔做生意，这件事发生在 1784 年，受益方就是上述那位梅斯梅尔"。Archives Nationales，T1620. 贝尔加斯手稿中有一封迪波尔致贝尔加斯的书信，日期为"今年 4 月 5 日"，表明他对贝尔加斯非常尊重，而且"这就是从你们的天才和能人那里希望得到的结果"。迪波尔与三十人社（Société des Trente）和法国黑人之友社（Société Française des Amis des Noirs）中的科恩曼小组成员亦有来往。

第三章
催眠术的激进特征

在 1785 年成为催眠术信徒时，雅克－皮埃尔·布里索已经见过了 1782 年的日内瓦共和革命；他已经吸收了卢梭的作品——从《社会契约论》到歌曲；他已经发表了批判法国社会罪恶的作品；他已经在巴士底狱中度过了令人绝望的两个月。催眠术并没有给他提供新的激进观点。贝尔加斯在催眠术理论中透露给他的那些卢梭式的观点，他早已吸收过、运用过，而且因为它们吃过苦头。贝尔加斯对卢梭的庸俗化很可能吸引了他，把它当作与从未打开过《社会契约论》的广大读者进行交流的一种方法。他对一般意义上的催眠术感兴趣，原因与很多和他同时代人很可能是一样的：它似乎为看不见的自然力量提供了一种新的科学解释。但是，布里索所代表的催眠术中的激进特征，却是作为对催眠术运动中另一种因素的回应而发展起来的。

催眠术手册常常把梅斯梅尔刻画成一个有奉献精神的人，他带着一项将结束人类苦难的发现来到巴黎，而且天真地向法国主要学术和科学机构寻求支持。法国科学院、皇家医药学会、巴黎大学医学部，最后是代表学术机构的一个皇家委员会，他们一个接着一个，冷落他、羞辱他、迫害他。梅斯梅尔多次提出请人来证实他的治愈病例，与传统的医生进行公开竞争。他的提议暴露了迫害者的邪恶。他的体系威胁了一个职业群体，他们与其他利益相关方联合要消除这一威胁，无论这将给人类带来什么代价。于是梅斯梅尔不再理会学术官僚，转而诉诸非专业人士："我所诉求的，是普通大众。"这一普遍诉求在数以百计的手册上宣传，让政府警觉起来。这倒并非没有道理，因为有些催眠术作品逐渐有了政治上的暗示：它们表明，某些特权机构在政府的支持下，正在试图压制一场旨在改善普通民众命运的运动。例如，1784 年格勒诺布尔高等法院的激进检察官、后来吉伦特派政府大臣的兄弟安托万·塞尔旺就曾抨击过医生，其措辞让人想起他直言不讳的《巴士底狱辩》（Apologie de la Bastille）："（你们）永不停息地维护着人类能力范围内最为彻底的专制……你们成了独裁统治，主宰着生病的普通人民。"在一篇充满激情地为催眠术辩护的文章中，布里索对院士们发起猛烈抨击："你们已经被告诉过一百遍了：你们在叫嚷着反对专制时，已经成了专制最坚定的支持者，你们自己维护了一个令人憎恶的专制制度。"有些催眠术追随者不理会他们的领导人与莫勒帕的谈判，暗示政府与学院之间建立了邪恶的联盟以保护既定秩序。贝尔加斯以一位巴黎大学医学部医生的口吻，要求国家采取行动阻止医疗改革，因为正如他自己所说："要（在普通群众之中）保持能使医药获得尊重的所有偏见，这一点很重要……医生群体是个政治实体，其命运与国家的命运相连……因此，在现存社会秩序下，我们绝对必须有疾病、药物和法律，药物和疾病的分布对一个国家习惯的影响可能不亚于其法律的守护者。"另一位催眠术的追随者认为，捍卫巴黎大学医学部和皇家医药学会已经成了"国家政策，保留这两个机构对国家来说很重要"。为了支撑这个观点，催眠术追随者注意到，政府印刷并发放了 12000 份皇家委员会报告，复制反对催眠术的学术决议并进行传播，印刷了梅斯梅尔在皇家医药学会中的主要敌人图雷（Thouret）写的一篇攻击催眠术的长文，还压制赞同催眠术的作品。皇家委员会报告出现之后，梅斯梅尔的追随者以为政府会颁布敕令，宣布动物磁力学非法，梅斯梅尔本人则做好了逃往英格兰的准备，好像他是躲避国王密札（lettre de cachet）的兰盖或雷纳尔（Raynal）。①

　　这是催眠术运动史上最关键的时刻。就在这时，德普雷梅尼

---

① F. A. Mesmer, *Précis des faits relatifs au magnétisme animal*… （London, 1781），p. 40；J. -M. -A. Servan, *Doutes d'un provincial, proposés à Messieurs les médecins-commissaires...* （Lyons, 1784），pp. 101-102；J. -P. Brissot（anonymous）, *Un mot à l'oreille des académiciens de Paris*, pp. 8 - 9；Nicolas Bergasse, *Lettre d'un médecin de la faculté de Paris à un médecin du collège de Londres...* （The Hague, 1781），p. 65；*Les vieilles lanternes, conte nouveau*… （1785），p. 82. 政府印刷且有时发放的各种谴责催眠术的学术决议，藏于 Bibliothèque Nationale, 4°Tb 62, pamphlets 54 - 58, 116. 关于催眠术追随者对此迫害的反应，参见 Bergasse, *Lettre de M. Mesmer à Messieurs les auteurs du Journal de Paris et à M. Franklin* （1784）；*Lettres sur le magnétisme animal où l'on discute l'ouvrage de M. Thouret...* （Brussels, 1784）；Bergasse, *Considérations sur le magnétisme animal...* （The Hague, 1784），pp. 24 - 25；Bergasse, *Observations de M. Bergasse sur un écrit du docteur Mesmer...* （London, 1784），pp. 24 - 29. 1785 年 9 月 10 日，巴黎图书销售及印刷协会 （Chambre syndicale de la librairie et imprimerie de Paris） 记录了他们拒绝出版德隆写的一本催眠术书籍，并在页边注道："国王并不希望有人写这件事。" Bibliothèque Nationale, fonds français, 21866. 不过禁令并没有生效。

建议贝尔加斯以梅斯梅尔的名义向巴黎的高等法院写一份请愿书。贝尔加斯同意了，他谴责了皇家委员会的报告，认为这违背了公正与道德的最基本规则，违背了"自然法则最重要的一些原则"。贝尔加斯写道，高等法院应该挺身而出，反抗这一由皇家授权的非法行为，将催眠术置于它的特别保护之下。他要求高等法院主持对催眠术进行一次诚实的调查，并呼吁："摧毁那个致命的科学、宇宙间最古老的迷信，摧毁那暴君似的医药，它攫住了摇篮中的人，像宗教偏见一样压在他身上。"高等法院接受了这一请求，于1784年9月6日指派了它自己的调查委员会。调查却从未付诸实施，因为委员会对这项任务犹豫不决，于是被另一个委员会替代，但是另一个委员会显然从未召集过。不过，请愿书却达到了目的。一年后，贝尔加斯写道："（它）使当局恢复了平常的小心谨慎，此后催眠术及其创始人就不必害怕公开迫害了。"①

---

① 贝尔加斯在 *Lettre de M. Mesmer à M. le Comte de Cxxx*（1784）中重印了请愿书。第二句引文出自贝尔加斯的 *Observations*, p. 29. 关于高等法院对梅斯梅尔的保护，另参见 *Mémoires secrets pour servir à l'histoire de la république des lettres en France*, September 12 and 14, October 6, 1784, pp. 227 – 230, 231 – 232, 275; 阿迪的日记，藏于 Bibliothèque Nationale, fonds français, 6684, September 5 and 7, 1784; J. -F. La Harpe, *Correspondance littéraire...*（Paris, 1801 – 1807), IV, p. 272. 法国国家图书馆的弗勒里（Joly de Fleury）文献中的几封催眠术追随者的信件表明，他们相信只有高等法院才能够保护他们免受"学者和智士的系统迫害"。梅斯梅尔及其14位追随者在1784年12月3日的信中也对总检察官强调了这一点（fonds français, 1690）。信中回顾了整个催眠术运动，好像该运动是一场反对官方迫害的斗争。在1784年9月4日致总检察官的信中，梅斯梅尔报告说，"四周危险不断"，苦于"有权势的人的秘密迫害"，他曾向帝国大使寻求保护。也许他在考虑逃回维也纳。

法国政府对催眠术威胁的严重程度，以及巴黎高等法院对催眠术保护的重要性，可以从当时巴黎警长让－皮埃尔·勒努瓦（Jean-Pierre Lenoir）的回忆录手稿片段中看出来。"1780年，催眠术开始在巴黎成为时尚。警方担心这一古老做法……因为它对于道德有所影响……莫勒帕在世的时候，政府虽然反对，也不过是不予理睬而已；可他去世（1781）后一段时间，警方受到匿名信的警告，说催眠主义者的聚会上有反对宗教和政府的煽动演讲。随后，警方公开谴责，国王陛下的一位大臣提议将梅斯梅尔这个外国人从王国驱逐出去……其他大臣的观点更受欢迎。他们认为，所有非法的、不道德的和反宗教的派系、聚会都应该由高等法院进行检控。我受命召来总检察官。他回答说，如果他在大议会（Grande Chambre）提出反对催眠术聚会的控告，就会被提交到议会庭（chambres assemblées），那儿会有催眠术的支持者和保护者。因此没有提出指控。"高等法院在催眠术最脆弱的时候拯救了它，但并没有积极地传播它，这一点贝尔加斯本人既不需要，也没有任何期待。①

---

① Lenoir papers，Bibliothèque municipale，Orléans，ms 1421；Bergasse，*Observations*，pp. 100 – 101. 与勒努瓦打算作为回忆录出版的大多材料一样，这一部分也是非常粗糙的手稿。在另一段关于催眠术追随者的文字中（ms 1423），他写道："受到有权势的人的支持，包括廷臣和高等法院法官，我是不敢去惊动他们的。"他在一些很像詹森主义争议的事件中与催眠术追随者发生关联，例如他写道，圣厄斯塔什（St. Eustache）拒绝埋葬催眠术分裂分子德隆，而"德普雷梅尼先生、高等法院法官也是动物磁力的虔诚拥护者，可能会揭露被代理人拒绝的事实。鉴于有通告当地神父的国王印信，故不再赘述。这使得掌玺大臣安排的起诉告一段落，总检察长也对此不了了之了。"

　　高等法院的立场，使其与催眠术追随者建立了良好的关系。尽管没有记录表明有多少法官同情催眠术，拉阿尔普称高等法院有一半人支持催眠术，这看来是比较可靠的推测，因为拉阿尔普本人参加过很多催眠术聚会。当然，高等法院不是什么革命机构，它的支持也不能说明催眠术就是一项激进事业，但它为催眠术追随者提供了唯一可以与政府对抗的力量。到1785 年，政府把很多催眠师作为邪恶力量进行打击，因为政府已经镇压了这场他们相信是当时最为人道主义的运动。三年后，科恩曼小组表达了对政府的憎恨和对高等法院的感激，当时科恩曼小组在发动民众支持高等法院抵制卡隆和布里耶纳领导的各政府计划时，响应高等法院关于召集三级会议（the Estates General）的号召。迪波尔、德普雷梅尼等极端主义的高等法院顾问，以及布里索、卡拉等激进的鼓动家在 1787～1788 年形成了重要联盟，而这一联盟最初是在催眠术木桶周围逐步形成的。①

　　拉斐特积极参与了这一联盟，但他几乎没留下什么东西表明他本人的催眠术思想，因为他不是作家或演说家，而是跨在战马上或站在露台上面对革命群众，以这种方式步入历史的那种人。现存的书面证据表明，他在美国独立战争中的经历，以

---

①　La Harpe, *Correspondance littéraire*, IV, pp. 272–275. 在 1787～1789 年的科恩曼事件中，贝尔加斯对政府发起猛烈抨击，因而有人指责他因为政府对催眠术的迫害而只求报仇。Beaumarchais, *Troisième mémoire, ou dernier exposé des faits...*（1789）, p. 59.

及他与托马斯·杰弗逊的友谊，对他的政治思想有重大影响。
同时表明，他认为自己对美利坚合众国的奉献与对催眠术的奉
献两者之间有某种关联。就连路易十六也把这两种兴趣联系起
来。1784 年 6 月，就在拉斐特动身前往美国之前不久，路易
十六问这位年轻的英雄："如果华盛顿知道你已经成了梅斯梅
尔的主要传人，他会怎么想？"实际上，华盛顿已经知道了，
因为 1784 年 5 月 14 日拉斐特写信给他说："一位名叫梅斯梅
尔的德国医生做出了关于动物磁力学的最伟大发现，他训练了
一些学生，您谦卑的仆人我被认为是最热忱的学生之一——我
对动物磁力学的了解，超过以前任何巫师……在动身之前，我
会获取许可，让你能够知道梅斯梅尔的秘密，这是一个伟大的
哲学发现，这一点您无须有任何怀疑。"上船时，拉斐特带着
梅斯梅尔防止晕船的良方（他应该抱着桅杆，桅杆能够成为
催眠术的"磁极"，所以能防止呕吐。遗憾的是这一点无法做
到，因为桅杆底部涂了一层柏油），还带着一项特别的任务，
就是要为和谐社招募成员，该社计划在美洲广设分部。拉斐特
如此卖力地执行这项任务，以至于当时驻凡尔赛的美国代表托
马斯·杰弗逊都给国内有影响力的朋友寄反催眠术手册和皇家
委员会调查报告的副本，试图制止美国国内的催眠术潮流。杰
弗逊的努力让查尔斯·汤姆森（Charles Thomson）更加放心。
汤姆森写道，拉斐特非常积极地宣传，"他让费城哲学学会开
了一次特别会议，整个晚上大部分时间他都在为他们提供娱
乐。他告诉他们，他入了会，知晓了秘密，但不能透露。"拉

斐特的宣传活动甚至还包括拜访震颤派教徒（Shakers）的殖民地，因为他认为他们的颤抖是一种天生的催眠术。没有证据表明他把催眠术与激进的政治观点联系起来，但 1787 年他在法美协会（Gallo-American Society）与贝尔加斯和布里索有交往。这个协会是由巴黎人组成的团体，一方面对美利坚合众国抱有热情，另一方面攻击法国最显赫的大臣夏尔－亚历山大·德·卡隆。1788 年，他加入了另一个美洲法国人的俱乐部，该俱乐部后来成了激进主义的中心，即法国黑人之友社。当然，这些交往并不能证明拉斐特 1789 年之前就是个坚定的革命派。也许对于他资产阶级朋友的激进主义，他只是抱着在哲学上迁就下层人的心态玩玩而已。他的好朋友塞居尔伯爵描述过这种心态："人如果相信自己有可能想爬上来就爬上来，那他就会在下沉中获得快乐；同样，在事先并不知晓的情况下，我们同时享受着上层社会的优势和平民哲学的魅力。"归根到底，拉斐特一直是个大贵族。催眠术中对雅克－皮埃尔·布里索、让－路易·卡拉等未来的革命派最有吸引力的因素，拉斐特的社会地位很可能使他无法认同。①

① Grimm's *Correspondance Littéraire*，XIV，p. 25；Lafayette to Washington，May 14，1784，in *Mémoires，correspondences et manuscripts du general Lafayette publiés par sa famille*（Paris and London，1837），Ⅱ，p. 93. 关于拉斐特晕船，参见他致妻子的信（1784 年 6 月 28 日），见 André Maurois，*Adrienne ou la vie de Madame de Lafayette*（Paris，1960），p. 150；Charles Thomson to Jefferson，March 6，1785，in *The Papers of Thomas Jefferson*，ed. J. P. Boyd（Princeton，1950 –），Ⅷ，p. 17. 塞居尔的话，参见 *Mémoires ou souvenirs et anecdotes par M. le comte de Ségur*（Paris，1829），I，p. 31. 1785 年 4 月 10 日，詹姆士·

　　将这些激进分子吸引到催眠术运动中去的是梅斯梅尔反抗学术机构的立场。他们都在努力拼搏，争取他们文人和科学家的身份能得到认可，但像他们这种无名之辈成功或失败常常全在学术机构。梅斯梅尔的斗争就是他们的斗争。他攻击仲裁者，攻击游戏背后的规则，结果他赢了。他的榜样作用激发了他们发动更加大胆的进攻，去挑战社会秩序，挑战当权集团，因为当权集团把准入权只给予最受优待的职位。这种反当权集团的激进主义，在布里索、卡拉、贝尔加斯等人的催眠术思想中有最好的体现。

　　布里索是一家乡村酒馆老板的第 13 个孩子，他有远大志向，要成为哲学家，与所有出入巴黎各沙龙和学院的人平起平坐，这一志向贯穿他的早期作品，甚至还包括他的回忆录。他

麦迪逊牧师（James Madison）从威廉斯堡（Williamsburg）给杰弗逊写信："Le Fayette（原文如此）侯爵在经过此镇时，在我们当中引起了最大的焦虑，都急于知道动物磁力学上获得的真正发现。不过，你惠赠的手册有效地消除了我们在此事上的担忧。" *Papers of Jefferson*, VIII, p. 73. 关于杰弗逊个人反催眠术斗争的其他文件，参见该书 VII, pp. 17, 504, 508, 514, 518, 570, 602, 635, 642; VIII, pp. 246; IX, p. 379. 拉斐特的催眠术在以下作品中有所提及：Louis Gottschalk, *Lafayette between the American and French Revolutions, 1783 – 1789*（Chicago, 1950）, pp. 97 – 98; M. de la Bedoyere, *Lafayette, A Revolutionary Gentleman*（London, 1933）, pp. 89 – 90. 一项与美国建立联系的催眠术计划宣布 *Nouvelle découverte sur le magnétisme animal....* 催眠术追随者的亲美态度在以下文献中有讽刺性的表现，*La vision contenant l'explication de l'écrit intitulé: Traces du magnétisme et la théorie des vrais sages*（Paris, 1784）, p. iv. "美国人比旧世界的人更加敏感，他们赶来向（梅斯梅尔）这项神奇的艺术致敬。" 关于拉斐特与法美协会及法国黑人之友社的关联，参见 *J. P. Brissot, correspondence et papiers*, ed. Claude Perroud（Paris, 1912）, pp. 165 – 166, 169.

为这一志向而奋斗，因此才逐渐对政治产生兴趣，因为他开始从政治角度看待哲学家的世界。"科学的领域，比如摆脱暴君、贵族和选民。它展示了一个完美共和国的图景。在这个领域内，唯有优点能获取荣誉。承认暴君或贵族或选民……就是违反事物的本性，侵犯人类精神的自由；就是对公众观点有犯罪企图，而只有公众观点才有加冕天才的权利；就是引来令人憎恶的专制制度。"布里索想为自己赢得一席之地，成为哲学家、律师、科学家、记者，但他的努力屡屡受挫。这让他明白，出身低贱的乡村孩子只会在巴黎的沙龙、学院和职业团体里出丑，文字的共和国已经堕落为"专制"，像他这样"独立的人"、没有财富和社会地位的年轻人，在这儿只会受到压抑和嘲讽。这些遭人遗弃的哲学家胸中藏着新的真理，可能会颠覆社会秩序的真理，因此黎塞留和他专制的继任者才会建立学院，在里面塞满了有出身、有财产的无知之辈。自由的政府不会有学院。布里索为了自己的便利，忽略了英国皇家学会（The Royal Society）和美国哲学学会（American Philosophical Society）。像法国这样的政府，只会利用各种学院来控制公众舆论，压制科学和哲学领域内的新真理，总而言之作为"其专制的新支柱"。①

---

① J. -P. Brissot, *De la vérité, ou méditations sur les moyens de parvenir à la vérité dans toutes les connoissances humaines* (Neuchâtel, 1782), pp. 165 – 166, 187; *Un indépendant à l'ordre des avocats* (Berlin, 1781). 第二本书是对律师团体的抨击，与他 1785 年从催眠角度对医生进行的抨击类似，这又一次表现了布里索当时大志难酬的心情。他在回忆录中生动地描写了这种心情，参见 J. -P. Brissot, *Memoires, 1754–1795*, ed. Claude Perroud (Paris, 1910), e. g. I, p. 121.

布里索懂得了这个道理，是因为他追随了一个人。在大革命前的巴黎，很多立志成为牛顿和伏尔泰的人壮志难酬，他们的挫败与政治激进主义之间的重要关联往往少人关注，而这种人的最佳代表是让－保罗·马拉。布里索于 1779 年认识马拉，介绍人是马里韦茨男爵（Baron de Marivetz），其著有《世界物理》（*Physique du Monde*）一书，其关于宇宙的幻想与梅斯梅尔主义颇为相似，其后来成了和谐社的成员并宣传过梅斯梅尔主义。到 1782 年，布里索已经成了马拉的挚友。他在文章和谈话中提倡马拉的科学理论；他努力安排马拉作品的翻译与传播；他甚至还重复马拉的实验，为马拉改变自己的信仰。马拉也报之以充满热情友谊的言辞："你知道，我最亲爱的朋友，你在我心里占据着什么样的位置。"这两个人有很多共同点。两人都离开了自己卑微的家，最终在巴黎安顿下来，立志成为获得认可的"启蒙哲士"。为了表明这种志向，两人都摆出贵族的架势（挎着宝剑、名字后面带上贵族的后缀），都在主流渠道中为自我提高而奋斗，比如竞争各学院的奖项和成员身份。马拉比布里索大 11 岁半，奋斗的时间更长，能给他年轻的朋友提些建议："弗兰克以及像你这样的正义之人不了解暴君爪牙的种种狡诈伎俩，或者说他们鄙视它们。"马拉说话自有其权威性，因为他已经为自己在科学院中的应得位置奋斗多年。他觉得那个位置是属于他的，因为他做过几百个实验，写了几千页不可辩驳的论点，就是为了把伟大的牛顿拉下宝座，向世界展示光、热、火、电的真实性质——这些都是由看不见的液体产生的，与梅斯梅尔所说的磁液颇为相似。[①]

实际上，马拉打入巴黎科学精英阶层的努力在时间上与梅斯梅尔偶合。1779 年，马拉将他的《马拉关于火、电、光的发现》（*Découvertes de M. Marat sur le feu, l'électricité et la lumière*）交给法国科学院审核。同年，刚刚被科学院羞辱过的梅斯梅尔出版了他第一部论著，阐述他的发现。一开始，科学院对待马拉的态度要比当初对待梅斯梅尔好一些。但马拉在随后的作品中提出了更加令人难以置信的理论，又更加激烈地自称已超过牛顿，科学院便逐渐反对他。到 1784 年科学院谴责梅斯梅尔的时候，马拉已经开始相信科学院也在迫害他。实际上他相信，忠于牛顿的哲学家和他们的邪恶同盟占据着法国全境内的

[①] Marat to Brissot, undated（1783）, in Brissot, *Correspondance*, pp. 78 – 80. 另参见 Brissot to Marat, June 6, 1782, in Brissot, *Correspondance*, pp. 33 – 35. 关于布里索与马拉的会面，参见马拉 1792 年 6 月 4 日在《人民之友报》（*L'Ami du Peuple*）上的文章，重印于 *Annales révolutionnaires*（1912），p. 685. 布里索用了 "de Warville" 的后缀，他对此的解释并不非常令人信服，参见 *Réponse de Jacques-Pierre Brissot à tous les libellistes qui ont attaqué et attaquent sa vie passée*（Paris, 1791）, p. 5. 最好的布里索传记仍旧是埃勒里（Eloise Ellery）的 *Brissot de Warville*（Boston, 1915）. 卡贝内（Cabanès）的 *Marat inconnu, l'homme privé, le médecin, le savant...* 2 ed.（Paris, 1911）最为详尽地讨论了马拉大革命前的生涯。在《让·保尔·马拉：激进主义研究》（*Jean Paul Marat: A Study in Radicalism*. New York, 1927）中，哥特沙尔克（Louis Gottschalk）认为马拉与科学院的争吵是他革命事业的关键因素。这一解释与马拉本人的观点偶合，"大革命来临时，科学院长久的迫害让我恼怒，于是我积极抓住出现在我面前可以击退压迫者、让我恢复原位的机遇"。

各个重要位置，正在阴谋陷害他：他们没收他的书，暗箱操作让杂志不刊登他的书信，甚至还召开医学部员工的秘密会议阴谋压制他发现的新真理（就像打压梅斯梅尔主义的员工会议一样）。马拉向科学院报仇的欲望，成为他离奇的革命生涯背后的主要推动力，而其革命生涯主要是一场对抗阴谋者的战斗。1783 年他对布里索坦承道："与那么强大的一个集团对抗，是需要朋友的热忱的。"这时梅斯梅尔也在反抗这个集团，马拉很可能同情同辈的抗争，尽管没有更多证据表明这一点，他只在 1783 年 6 月 19 日致圣洛朗（P. R. Roume de Saint Laurent）的信中有所表态："我打算好好看看梅斯梅尔先生，会给你寄一份详尽的报告。但这不是短期的事情。你知道我是多么喜欢研究事情，在公开结论之前认真地研究它们。"不管怎么说，马拉关于学术机构阴谋的观点，布里索是认同的，还于 1782 年对学术"专制"进行了猛烈抨击，称赞马拉"勇敢地打倒了学术崇拜的偶像，用证据确凿的事实取代牛顿关于光的理论"。布里索觉得自己为学术机构所限，无法成为启蒙哲士，于是他也与马拉一样投身于革命事业。对他来说，这一事业开始于 1789 年。1780 年代，他在文学和科学上的志向无法实现，因而心生怨恨，这成为他事业中的一个关键因素，很可能也是与他相似的很多人的事业中的一个关键因素。[1]

---

[1] Marat to Brissot, undated (1783), in Brissot, *Correspondance*, p. 79; Marat to Roume de Saint Laurent, June 19, 1783, in A. Birembaut, "Une lettre inédite de Marat à Roume," *Annales historiques de la Révolution Française* (1967), pp. 395 – 399.

与马拉相比，催眠术让布里索在政治激进主义的道路上走得更远，因为催眠为他提供了一项反抗制度的完美事业；而且，这项事业已经抓住并一直吸引着公众的注意力，其背后还团结着一帮激进分子，在科恩曼的房子里聚会，并主动提出要吸纳布里索。布里索接受了邀请，发表了另一篇猛烈攻击学院派的文章，从而一头扎进了运动。"我来给你们上一课，先生们，而且我有权这样做。我是独立的，可你们当中每一个人都是奴隶。我与任何团体都没有联系，而你们却受制于你们的团体。我不墨守任何成见，你们却被团体的成见所约束，被所有当权者的成见所约束，你们卑贱地把当权者奉为偶像，虽然你

最后一条引文见 Brissot, *De la vérité*, pp. 173 - 174. 马拉致鲁姆（Roume）的信不能当作马拉信奉梅斯梅尔主义的证据，尽管马拉的 *Mémoire sur l' électricité médicale...* (Paris, 1784) 表明，他拒绝公开出面反对，而且梅斯梅尔主义者宣称，他的那些实验实际上让液体能够被肉眼看到。J. B. Bonnefoy, *Analyse raisonnée des rapports des commissaires...* (Lyons, 1784), pp. 27 - 28. 到 1791 年，马拉已经将梅斯梅尔降为"杂耍者"（jongleur）之类的人物，但他强调学术上的"妒忌"（jalousie）是梅斯梅尔主义受到迫害的原因，他仍旧在强烈谴责学术专制。Marat, *Les Charlatans modernes, ou lettres sur le charlatanisme académique* (Paris, 1791), pp. 6 - 7. 他的意思是说，他对科学官僚的斗争与梅斯梅尔的反抗平行。马拉致鲁姆的信最好地体现了他对这场斗争的态度，尤其是 1783 年 11 月 20 日那封不同寻常的信，见于 *Correspondance de Marat, recueillie et annotée par Charles Vellay* (Paris, 1908), pp. 23 - 87. 马拉对学院派的憎恨几近疯狂，但不能因此忽略以下事实：作为科学家，马拉虽不是名流，也是受人尊敬的，就算在 1785 年也是如此（参见 *Journal de Physique*, September 1785, p. 237）；也不能因此忘记，马拉担心有人阴谋反对他是有原因的。一份写于 1781～1785 年的警方报告称："维克·达齐尔先生代表皇家医药学会要求将（马拉）逐出巴黎。" Bibliothèque municipale, Orléans, ms 1423.

们私下里鄙视他们。"

在写给梅斯梅尔主义者、观相师兼神秘主义者拉瓦特尔的一封信中，布里索把包含这篇攻击文章的手册描述为"我信仰的表白"。单就手册本身来看，他的信仰是无止境的，因为他宣布自己信仰催眠术最极端的教条，透露出那个时代神秘学典型的、不加甄别的盲从。"不同寻常的事实，就是与我们已经知道的事实或已经编制的法则都没有关联的事实。但是我们是不是应该相信我们都了解它们呢？"他宣布，从来没有哪项发现像催眠术这样得到了如此详尽彻底的证明。他还援引了贝尔加斯、皮塞居尔和塞尔旺的作品为证。他谴责学院院士对热伯兰伯爵有催眠术色彩的理论不屑一顾，说他"将普通人、下层人紧紧贴在心上"。连处在催眠术运动边缘的那些人他都要捍卫，比如以魔法寻找水源者布勒东和预言师博帝诺；对一些梦游者自称能够看到自己的内脏、能隔着很远的距离相互交流，他也表示支持。实际上，布里索透露，他自己就曾有过这样的经历。"可是我，一个害怕医生的父亲，我爱催眠术，因为它让我和孩子们发生共鸣。对我来说，看着孩子们听从我内心的声音，弯下身来，躺到我怀里，舒服地入睡……这该是多么美好啊！一位哺乳的母亲的状态，就是永久的催眠术的状态。我们这些不幸的父亲陷在我们的生意上，在孩子们的眼中，我们几乎什么都不是。通过催眠术，我们又成了父亲。因此这是带给社会的一项新福利，而这个社会是多么需要这样的福利啊！"

如果说，提到哺乳和家庭成员之间的怨憎让人想起卢梭，那是因为布里索在阅读卢梭的作品时加入了神秘学的信息。在另一份手册《述评》（*Examen critique*）中，他宣布自己看到了"神圣的光亮……在我们的星球之外，在一个更好的世界"。他在这份手册中论述道，谴责光照主义就是谴责"几乎所有真正的哲学家，尤其是卢梭。读读他和自己的对话吧。那好像是写于另外一个世界。只存在于这个（世界）、从来没有超越过此世界之限制的作者，是不会写出其中两个句子的"。

在卢梭主义的启发下，布里索在催眠术理论中看出了很多含义，有些"甚至是政治的、道德的"，因而他的催眠术手册宣示了一股平等的新力量："难道你们（学院院士）没看到，例如说，催眠术是一种方法，可以让社会各个阶级更加亲近，让富人更加人道，把他们变成穷人的真正父亲？看到最为显赫的人……照顾着他们仆人的身体健康，一次花几个小时给他们施行催眠术，难道你们就不受教育吗？"但是，布里索尖锐地指出，学院院士"试图唆使政府对付催眠术的支持者"，于是他指责他们的"医学政治"："我恐怕专制的习惯已经石化了你们的灵魂。"

布里索的谴责如此猛烈，以至于他对催眠术的辩护似乎成了次要。他主要的愿望是竭尽所能去批判各学院里那些"卑贱的寄生虫"和"祖国的压迫者"，批判沙龙里那些讨好"官员、富人和贵族"的"卑鄙的谄媚者"，批判那些"似懂非懂的家伙，他们自己粉墨登场，逼得真正有才能的人无处藏身"。布里索提到，他本人曾努力当一名驻扎伦敦的哲学记者，由于最近被囚于巴士底狱，他的努力也就付之东流了。"如果在你的路上碰到一位这样自由、独立的人……你赞扬他，你怜悯他，但你要让大家知道他的笔是危险的，知道政府已经下了禁令，知道政府的禁令可使刊物被禁。"学院院士对催眠师这样的独立哲学家闭门不纳，然后去煽动政府迫害他们。只有贝尔加斯、德普雷梅尼等催眠术领导人的勇气才使他们免于被囚。学院院士一方面压制真理，另一方面却在拉阿尔普学园这样的组织中奉承时尚大众，在那儿"为了点钱，你们为时髦的女人提供娱乐，让年轻男人觉得厌烦，他们像上舞蹈或击剑课一样去上文学或历史课程"。布里索憎恶这个上流的离奇世界。当他和他信奉催眠术的朋友威胁到这个世界，他发现这个世界对他们的反应与它对创新、理性、进步的一贯反应相同，即进行迫害。"尤其是在这方面（关于催眠术），你们（学院院士）体现了你们的阴谋诡计、你们的专横跋扈、你们对付官员和女人的手段。"布里索的怨恨从"我们的文学贵族"转向贵族阶层，他的催眠术是这个过程中的一个阶段。到1789年，"独立人士"反抗学术寡头的斗争已经融入了一场为了争取独立、更加普遍的战斗。布里索激进思想的这个层面被误解了，因为他的传记作者没能找到他的催眠术宣言，宣言取了个很合适的标题——《说给巴黎学院院士听的一句话》。①

　　同布里索的情况一样，让－路易·卡拉也从催眠术中找到了发泄愤怒的方法，因为他也被剥夺了巴黎主要哲学家的应得位置。与布里索一样，卡拉发表了涉及广泛知识领域的调查和分析，因此认为这个位置是他应得的。他发表过一本浪漫小说，两篇涉及形而上学、伦理和政治的论文，两本关于东欧的书，一部关于气球飞行的理论作品，约翰·吉利斯（John Gillies）古希腊史的六卷译本，三部关于物理和化学的艰深作品。在当时的通俗科学文献中，我们不时能看到他奋发上进的身影。例如，他为热伯兰伯爵的学会朗读关于"光"震动（lucifiques）与"锥"（conifiques）震动的比较文章；在《巴黎日报》上发表某些有关硫磺的实验报告。他甚至还成功地让科学院院士来听他的提议，说可以通过运用某种难以弄懂的几何方程式和扇动塔夫绸做的"翅膀"来驾驶气球，但科学院拒绝授予他最佳气球驾驶方案特别奖。卡拉坚持认为，火不

　　① Brissot to Lavater, Jan. 28, 1787, Zentral bibliothek, Zurich, Lavater papers, ms 149. 引文出自 J. -P. Brissot（anonymous），*Un mot à l'oreille des académiciens de Paris*，pp. 1, 3 - 10, 13, 15, 18, 20 - 21, 24；Brissot, *Examen critique des Voyages dans l'Amérique Septentrionale de M. le Marquis de Chatellux...*（London, 1786），pp. 49, 55. 关于文学贵族的话，出自《述评》第 21 页。我在巴黎城市历史图书馆找到了两份布里索的《一句话》（*Mot*）。布里索流露出他对学院院士以及将他排斥在外的时尚沙龙的"专制"（despotisme）有深深的仇恨，见 *De la vérité*，pp. 15, 319. 尤其是该书第 319 页写道："他们憎恶我，我在灵魂痛苦中告诉他们：你们的残酷终会受到惩罚，你们将不再尊贵，我将讲述你们的劣迹，你们将被人唾弃。"

是由被拉瓦锡极度误解的那些气体产生的，而是由马拉的"火成液"（igneous fluid）与马里韦茨的梅斯梅尔以太之间的"反击"产生的，但第戎的科学院拒绝对他的这一发现给予关注。

在上流科学界，似乎没人把卡拉当回事。只在《博学者杂志》（*Journal des Scavans*，该杂志后来向他关闭了所有栏目）上偶尔有对他只言片语的赞扬，还不算这样讽刺的话："他是个有创造力的天才。他用离心力解释一切事物，小到一朵花的气味。"更典型的是 1783 年 1 月 17 日《欧洲信使报》上的一封信，作者是天文学家兼学院院士约瑟夫·拉朗德（Joseph Lalande）。拉朗德认为，卡拉诋毁了各学院，因为他们说出了他作品的真相——"一个低能儿的诞妄和梦呓"。卡拉对此的回应是摆出一副被人误解的天才的姿态，像一位"先知哲学家"（prophète philosophe）对世俗的成功不屑一顾。"除了在天分和理性上与众不同的少数几个人之外，其他人并不具备理解我的素质。"但他自己又毁掉了这种姿态的可信性，冲上层的人发起怒火来，尤其是贵族和君王，"妖魔一般的鳄鱼，朝四周吐着火焰；它们的眼睛血红血红的，充满了血；只要看一眼就能致人死命"。这就不是超凡脱俗者的口吻了，听起来更像马拉近乎失控的激愤之辞。卡拉充满敬意地援引了马拉的科学著作，当然我们不能据此做出结论，认为这两个人把自己封闭在实验室里，好像两个疯狂的科学家一样，都幻想着用他们某种神奇的液体摧毁旧体制，但在他们的科学论文中的确弥漫着一种疯狂、火爆的气氛。例如，在一篇从地理学角度解释地球两极将在24000年后移到赤道的论文的序言中，卡拉呼吁穷人追求他们的天生权利，反抗富人、贵族和君王，"把吞噬这个地球的怪物从地球上清除掉"。

卡拉对既定秩序的憎恨，是从他内心深处滋生出来的，因为这个秩序的力量撞入了他的生命，在他16岁的时候以涉嫌偷窃的罪名将他送入监狱。大约在这个时候，他的母亲去世了。早在他七岁的时候，其父就已经去世了。所以在监狱里，他很可能觉得自己与一切事物的联系都被割断了，离开了家人、朋友，也离开了摆在他同学面前的那种事业，他们可以在马孔（Mâcon）优秀的耶稣会士的指导下继续学习拉丁、修辞和哲学。年轻的卡拉在监狱中的思考方式肯定与他的同学完全不同，而且他有时间进行思考，因为他在监狱里待了两年零四个月。出狱之后，他在德国及巴尔干半岛游荡，靠代人写作及任何能找到的其他事情谋生。梅斯梅尔与科学机构开战之时，卡拉已在巴黎安身，是皇家图书馆（Bibliothèque du Roi）的雇员，以牛顿第二自诩。同马拉和布里索一样，他也是一个职业的局外人。从卡拉的角度来看，催眠术似乎是项革命事业。果然，催眠术将他领入了大革命，他在其中终于为他蓄积已久的愤恨找到了宣泄口，成为政治家、记者和布里索的支持者，而布里索曾是他在科恩曼小组中的催眠术同伴。①

尼古拉·贝尔加斯与布里索和卡拉一样，也对封闭、贵族气的巴黎知识界感到憎恶，但他更认同布里索一个更加宽泛的呼吁："让通向尊严和荣耀之路向能力敞开。""志向该是多么强大的力量之源啊！要争当第一，只要在能力上成为最强者就可以了，这种状态该是幸福的。"贝尔加斯一次又一次地提倡这个相同的主题，并在《论世袭贵族的偏见》（*Observations*

---

① 在卡拉的作品中，特别参见 *Nouveaux principes de physique*, 3 vols. （Paris, 1781 – 1782）；*Système de la raison ou le prophète philosophe*（London, 1782）；*Esprit de la morale et de la philosophie*（The Hague, 1777）；*Dissertation élémentaire sur la nature de la lumière, de la chaleur, du feu et de l'électricité*（London, 1787）；*Essai sur la nautique aérienne...*（1784）；*Examen physique du magnétisme animal...*（London, 1785）. 部分建立在催眠术实验的基础上，他在 1784 年 5 月 11 日的《巴黎日报》上曾描述过这些实验。引文分别出自卡拉的 *Dissertations*, p. 28；*Journal des Sçavans*, February 1784, pp. 111 – 112；Carra（anonymous）, *Système de la raison*, pp. 151, 52, 68. 马里韦茨男爵是巴黎和谐社成员、布里索的朋友，他在其流行的《世界物理》（1780～1787）中发展了一种反牛顿的以太理论。卡拉开篇对"所谓地球之主人"（aux prétendus maîtres de la terre）发起挑战，定下了这本书激昂的基调："人类的祸害，残害同胞、臭名昭著的暴徒。只在乎头衔、国王、王子、君主、帝王、头领、统治者的人，你们把自己高高捧上天，凌驾于他人之上，完全丧失了平等、公正和人与人之间的关系准则……的概念，我要让你们接受理性的裁度。"我们对他的早期生涯所知甚少，唯一简述是 P. Montarlot, "Carra," from "Les députés de Saône-et-Loire aux Assemblées de la Révolution," in *Mémoires de la Société Eduenne*（1905）, new series, XXXIII, pp. 217 – 224. 另参见本书附录 2。Two letters from Carra to the Société Typographique de Neuchâtel, December 6 and 21, 1771, Archives de la ville de Neuchâtel, ms 1131. 这两封信证明了他尖刻辛辣的脾气。但除了他与他的雇主、《百科全书补编》（*Encyclopédie Supplément*）的戈多（L. C. Gaudot）之间的争吵，关于其早期生涯的信息并不多。

sur le préjugé de la noblesse héréditaire）中进行了最为充分的论述："我们的自由必须还给我们，所有事业都必须向我们开放。"与布里索相比，这个主题对贝尔加斯来说来得更加自然，因为大革命前布里索在破产的边缘徘徊，而贝尔加斯则因为家族生意而享有可观的收入。贝尔加斯的父亲娶了里昂一个显赫商人家庭的女人，本人也在 1740 年代进入商界。他的四个兄弟都成了富有的商人。贝尔加斯对商业事务一直都有兴趣，不过他更喜欢的事情，先是在奥拉托利会（Oratorian）学校教书，然后是准备进入法律界，最后是一边修养病体一边独自思索。"我的财富是众所周知的，它不仅仅提供了我生活所需，也让我绝对独立，这一点不是什么秘密，"1789 年他这样写道。1790 年 12 月，他在给未婚妻佩佩蒂（Perpétue du Petit-Thouars）的信中介绍了他的财富："在渴望自由，让这些好人儿高兴之前，我有一笔投资带给了我五六千里弗赫的收入，而且我在我兄弟的公司里有分成，每年有一万里弗赫的收入，将来还会有更多。"贝尔加斯代表了商业资产阶级，他们希望召开三级会议，通过这种方法能赢得与其经济地位相应的政治角色。在关于 1789 年三级会议组成的一些最重要的宣传手册中，他论述了这一观点。他谴责贵族控制教会、军队、司法和学院，嘲讽了生而享受优待的荒谬，贵族来源于"封建政府可悲的混乱"，职位不公正地留给了他们，可他们却没有能力履行职责。九年前，他在一篇文章中以"全国工业阶级"的名义呼吁自由贸易，就已经突出了他所提要求的资产阶级特性。

这个阶级主要由贝尔加斯家族这样的商人和地主构成，文章清楚地区分了这个阶级与"没有财产的普通人的阶级"。[①]

贝尔加斯的反贵族思想最早是在一份催眠术手册的附注中提出来的，手册名为《关于动物磁力学的更多思考》（*Autres rêveries sur le magnétisme animal*），作者珀蒂奥神父（Abbé Petiot）是他的朋友、催眠术的信奉者、和谐社的一位秘书。该手册指责了学院院士"科学上的不宽容"，并从他们对催眠术的攻击中得出了如下结论："总体说来，所有独享的特权都对某一贵族阶层有利，只有国王和人民一直有共同的兴趣。"对催眠术的这种辩护预演了 1789 年激进宣传的主要动力：国王和第三等级竟然会结成同盟对抗贵族阶层。贝尔加斯在该手册的附注里清晰地阐明了这一立场，从反对学院特权，进而在

[①] J. -P. Brissot, *Un indépendant à l'ordre des avocats*, pp. 47 - 48；Nicolas Bergasse, *Observations sur le préjugé de la noblesse héréditaire*（London, 1789），pp. 40, 45；Bergasse, *Observations du sieur Bergasse dans la cause du sieur Kornmann*（1789），p. 7. 根据一封信中的解释，他里昂的两个兄弟有 50 万里弗赫的资本，他们打算在十年内将这个数字翻一番。他住在马赛的两个兄弟没这么富有，但也非常殷实。Bergasse to Perpétue, no date, Bergasse Papers, Château de Villiers, Villiers, Loir-et-Cher. 在日期标为 5 月 7 日（1789 年？）的另一封致佩佩蒂的信中，他描述了他们共享收益的做法："我们之间有一种共和制度，我们的财富就是这么分享的，谁也不愿意比其他人更富有。"最后两处引文，出自 Bergasse, *Considérations sur la liberté du commerce...*（The Hague, 1780），pp. 61 - 62. 贝尔加斯是个"君主主义者"（monarchien），他对大革命的不满遮蔽了他 1787～1789 年 10 月主要激进分子的角色。关于他的主要研究成果，是他的后代路易·贝尔加斯（Louis Bergasse）匿名出版的一部传记，*Un défenseur des principes traditionnels sous la Révolution*, *Nicolas Bergasse*（Paris, 1910）.

更大范围内对所有源自"封建混乱状态"的特权进行抨击。他嘲讽一切与贵族阶层相关的东西——纹章仪仗，礼仪排场，因为祖先血统而获取特权，以及它的"骑士迷信"。当时支撑贵族阶层的封建保守主义让他感到愤怒，他抗议道："只有生在14世纪之前才能假装去支持王座旁的这个贵族体制，在这个体制所决定的秩序中，国王必须在家族和军队中选择为他服务的人。"在反对贵族的传统特权时，这位资产阶级成员竟回答说："他不会读哥特式的作品。"贝尔加斯要求向第三等级开放所有高层职位，并且警告第三等级注意两个特权等级的共谋，"同样的意愿，却有两种声音"（qui conserve deux voix pour le même voeu）。他号召人民与国王联合，"让所有公民变得高贵，让所有权贵变成公民"。他所问的那个大问题，将会在1789年的手册宣传中被无数次重复："你们想剥除古老贵族的影响力，那比他们陈旧的权势能带来更多利益，可你们希望如何成功呢？"他回答道："你们将拥有的，只有法律、人民和国王。"与西哀士（Emmanuel-Josep Siéyès）1789年对第三等级的要求所做的经典陈述相比，贝尔加斯的呼吁同样极端。不过它最初却出现在1784年的一份催眠术手册中，而表面看来该手册的目的是要驳斥反对动物磁力说的那份皇家委员会报告。①

①　*Autres rêveries sur le magnétisme animal*, *à un académicien de province*（Brussels, 1784），pp. 21, 39, 46 - 47. 根据当时一部关于巴黎催眠术非常准确的作品［《梅斯梅尔先生的政治声明》（*Testament politique de M. Mesmer*...

　　这时候我们应该明白，整个催眠术运动过程中都涌动着一股激进主义的暗流，偶尔会在激烈的政治手册中爆发出来。催眠术给了布里索、卡拉、贝尔加斯等人一个机会，别人的诋毁如果可能阻碍他们本人及他们所属阶层的进步，他们会公开驳斥。然而，他们的一些催眠术同事——主要是拉斐特、迪波尔和德普雷梅尼在旧制度中享有很高的地位。拉斐特和迪波尔利用他们的地位，于 1787～1789 年领导了革命事业，但德普雷梅尼一直被史学家定性为一个反动派。实际上很多史学家把德普雷梅尼当作 1787～1788 年那场加速了大革命到来的"贵族叛乱"（Révolte nobiliaire）的领导人。"贵族叛乱"之说模棱两可，这不在本书的研究范围，不过德普雷梅尼的暧昧角色关系到重建当时人们对事态的看法。1788 年 9 月 25 日，高等法院建议以有利于贵族的方式组织三级会议。在这一天之前，几乎没有法国人把德普雷梅尼或巴黎高等法院当作反动派。如果书商阿迪的观点代表了一个典型的巴黎资产阶级人士的观点，

Leipzig, 1785）] 这份手册是珀蒂奥写的（根据 A. A. 巴尔比耶的说法，作者是 Bruck 医生），由贝尔加斯校正和注释（corrigé et noté），注释比正文要长。珀蒂奥此前写过（*Lettre de M. l'abbé Pxxx de l'Académie de la Rochelle à Mxxx de la même académie*, 1784），其中称赞了贝尔加斯，这份手册是该文的后续。珀蒂奥 1789 年还写过猛烈攻击学院院士和贵族的文章——《出版自由，谴责法国贵族的一个新阴谋》（*La liberté de la presse, dénonciation d'une nouvelle conspiration de l'aristocratie française...*）。珀蒂奥身世不详，唯一信息是拉罗谢尔市立图书馆（Bibliothèque minicipale de la Rochelle, ms 358）所藏一份简短的通知手稿。在 1791 年 3 月 16 日的《法兰西爱国者报》（*Le Patriote françois*）中，布里索写道："珀蒂奥神父在巴黎公开传授反贵族信条达十年之久。"

那么德普雷梅尼就被看作一位"人道、慈善的官员";一位受
人欢迎的英雄,敢于"打退对公民自由的攻击";由于"大臣
的残酷迫害"于 1788 年 6 月被捕入狱,因而是一个受难的
"爱国者",应该"名垂千古"。这种观点也许不正确,但它的
确存在,而且对 1788 年夏天的事态产生了重要影响。巴士底
狱那令人憎恶的模样很可能遮住了当时大部分巴黎人的眼睛,
让他们看不到贵族的叛乱。无论怎么说,在科恩曼的房子里,
德普雷梅尼、迪波尔等高等法院成员与布里索、卡拉等撰写宣
传手册的下层文人结成同盟,这并没有什么不协调。在他们对
政府的攻击或他们催眠术式的革命理论中,也没有什么东西会
让当时的人们或他们自己觉得反动。①

---

① 　引文出自阿迪的日记, Bibliothèque Nationale, fonds français, 6687, entries for
October 1, 1787, and May 5, 6, and 18, 1788. 唯一关于德普雷梅尼的特别研究是
Henri Carré, "Un précurseur inconscient de la Révolution: le conseiller Duval
d'Eprémesnil (1787 - 1788)," *La Révolution Française*, Oct. and Nov., 1897, pp.
349 - 373, 405 - 437. 勒努瓦相信德普雷梅尼的住所是煽动的中心 (Bibliothèque
municipale, Orléans, ms 1423)。"贵族反叛"论在美国为人所知,主要是来自乔
治·勒费布尔 (Georges Lefebvre) 的《八九年》(*Quatre-vingt-neuf*),由帕尔默
(R. R. Palmer) 译为《法国革命的来临》。R. R. Palmer, *The Coming of the French
Revolution: 1789* (Princeton, 1947).

第四章

作为一种激进政治理论的催眠术

　　催眠术为卡拉这样心怀愤恨的下层文人提供了武器，用来对抗专权排外的巴黎各科学和文学机构，但对大部分读者来说，催眠术是作为一种科学宇宙理论出现的。卡拉和他的朋友，尤其是贝尔加斯对待催眠术宇宙论的方法是，从梅斯梅尔绝对不涉及政治的晦涩论述中抽取了一套政治理论。他们对梅斯梅尔观点的扭曲，用"政治理论"来形容恐是溢美之词，但他们认为自己的理论连贯而合理，警方也把他们看作对国家的威胁。那些催眠术治疗过程究竟在多大程度上被政治化了，现在很难弄清楚，因为科恩曼房子里进行的讨论现在没有记录可查，而且审查官和警察也迫使激进的催眠术追随者在出版上小心谨慎。因此，只有把散落在他们发表作品中的一些话拼凑起来，才能重现他们的政治观点。

　　卡拉的意识形态表明，科恩曼小组试图使催眠术脱离梅斯梅尔，但实际上这个小组在很多方面得益于他们的导师。卡拉甚至资助了木桶催眠和"链条"催眠，尽管他不同意梅斯梅尔对磁液的理解。卡拉的磁液概念来自一份有异议的报告，报告多少对催眠术有利，作者是朱西厄（A. L. Jussieu）——皇家医药学会的调查委员之一。朱西厄认为催眠的效果在一定程度上是由于围绕在身体周围的"气场"（atmosphere）导致的，卡拉将这一解释融入了他自己的催眠术宇宙论。他提出存在相互关联的多种液体，能穿透所有人和物体的气场。他将这些液体利用起来，提供空气、光、热、电和火（他用新理论对所有这些都进行了解释），并将它们与一种普遍液体联系起来，与梅斯梅尔的磁液相似，它是一个中介，一边是一种无处不在的以太，另一边是无论大小所有身体都具有的那种特殊的气场。

卡拉的气场理论虽然令人费解，却给了他一个貌似科学的方法去介入政治。道德原因与不公正的律法一样，会扰乱人的气场并进而干扰人的健康，就像身体原因产生疾病一样；反过来，身体原因也会产生道德效果，甚至可能是大范围内的道德效果。"在社会上，同样的效果每时每刻都在发生。我相信，我们还没有鼓起勇气承认其重要性，因为我们还没有将道德与身体充分地联系起来。"在大革命中，卡拉将他共和的政治观点追溯到他在《物理新法则》（*Nouveaux principes de physique*，1781－1782）中提出的一个预言，即法兰西将会成为一个共和国。"因为制约人类道德和政治的那个伟大的宇宙物理系统，本身就是个名副其实的共和世界。"到1787年，他已经毫不犹豫地将善恶与"宇宙的机制"关联起来。他认为政治与医药的关系如此密不可分，以至于身体和社会疾病都可以通过冷水浴、洗头、节食和阅读哲学书籍等方法的组合加以治愈。他宣称，古时候的预言家和巫师施行的是一种原始的催眠术，德尔斐神谕对莱克格斯立法的预见和支持也是一种政治梦游。

卡拉的主要催眠术作品《动物磁力学的物理思考》(*Examen physique du magnétisme animal*，1785)，总体上只限于阐述关于气场液体的理论，但也提到了其理论的政治层面。他在书中宣布，他在《伦理与哲学之精神》(*Esprit de la morale et de la philosophie*，1777)中勾勒了历史的三个阶段，而催眠术已经帮助其开启了其中的第三阶段。在这部匿名作品中，卡拉抨击了贵族和君王，为美国革命的爆发而欢呼，认为那是卢梭人民主权原则的胜利。他预言，在历史的第三阶段即最终阶段，这个原则将会统领世界。这个阶段也就是"积极自然权利"(droit naturel postif)的阶段。他用荒岛上的国王和牧羊人的譬喻来描述："一个不再是国王；另一个永远是牧羊人；或者说他们别的都不是了，只是真正平等状态下的两个人，真正社会状态下的两个朋友。政治上的差异已经消失了……自然、平等，重获了它们的权利……现在就看你们的了，我的同胞们，我的兄弟们，按照这个模式来引导你们各自意愿的实现，以使之与普遍福祉的创造相协调。"卡拉相信，宇宙的物理-道德力量将引发这场革命。到1785年，他坚信这种力量已经开始发挥作用了。他在1780年代中期的异常天气中看出了即将来临的天启。1783年夏天，多次大雾、一次地震和一次火山爆发扰乱了欧洲各地；1783～1784 年的冬天酷寒难当（根据《物理学刊》的报道，有 69 天温度在冰点以下，冻死和被饿狼咬死的人不计其数），接下来又是春天的洪灾。对卡拉来说，这些已经足够他宣布催眠术革命将在 1785 年一触即发。"通过季节流转过程中的明显波动，整个地球似乎都在为物理变化做好准备……在各个社会中，人们比以往任何时候都更加焦躁不安，以最终从他们道德和立法的混乱中摆脱出来。"卡拉的这些催眠术观点无法形成一套连贯的哲学理论，但它们说明了科学与政治极端主义的奇特组合，正是这一组合造就了几位革命者。①

---

① 朱西厄的发现是作为《一位皇家委员对动物磁力学的调查报告》（*Rapport de l'un des commissaires chargés par le Roi de l'examen du magnétisme animal.* Paris，1784）单独发表的。引文分别出自 Carra，*Examen physique du magnétisme animal...*（London，1785），pp. 80 – 81；*Précis de défense de Carra...*（Year Ⅱ），p. 49；*Histoire de l'ancienne Grèce...*（Paris，1787 – 1788）. 最后一条文献是卡拉对约翰·吉利斯历史的六卷本译作，他在译文中对他感兴趣的所有东西都添加了详尽的注释，因此才有"宇宙的机制"（mécanisme de l'univers）和对德尔斐神谕的分析。*Histoire de l'ancienne Grèce*，Ⅱ，p. 471；I，p. 176. 另见 *Système de la raison...*（London，1782），p. 35. 卡拉关于社会 – 物理疾病的疗方见于这份文献的第 124 页，相关的批评分别见于第 56～58、177、220～224 页。最后的引文出自他的 *Examen physique*，p. 3. 贝尔加斯称催眠术可以产生激烈的政治变革，对于这一点卡拉却表示怀疑（*Examen physique*，p. 8）. 因为卡拉相信，这种变革当出自物理原因，比如季节和天文的影响。对 1780 年代中期罕见天气的看法，参见 *Journal de Physique*，December 1784，pp. 455 – 466；*Journal de Bruxelles*，June 19，1784，pp. 125 – 133；*Journal de Paris*，April 6，1784，pp. 428 – 429. 最后一份文献解释了电液和燃液的不均衡分布为"地球的震动"（la convulsion du globe）做好了准备。

其他的催眠术追随者当然也持类似的观点。例如，根据西哀士神父的说法，阿德里安·迪波尔在他的催眠术理论中糅合了物理、神秘学和政治。"那时候他在想象中将动物磁力学信条上升为人类知识的最高境界，他在其中看到了一切：医药、伦理、政治经济、哲学、天文学、过去、不受任何空间距离限制的现在，甚至还有未来；而所有这一切，只是他广阔的催眠术视野中的一小部分而已。"①罗兰夫妇和他们未来的吉伦特派同事弗朗索瓦·朗特纳（François Lanthenas）在大革命前都经历过一个催眠术的阶段。尽管没有材料表明他们曾把催眠术与政治理论联系起来，但是他们很可能也持有他们的朋友布里索于1791年表达的信仰："自由……是健康的法则。"1788年布里索在美利坚合众国之旅中，被他遇到的一些美国人的健康状态所打动，便贸然下了一个特别大胆的结论："毫无疑问，在将来的某一天，人们会相信身体健康的伟大法则，就是所有人的平等和思想意志的独立。"但是，布里索从未将催眠术纳入一套系统的政治理论。唯一为自己的观点留下详尽记录的催眠术理论家是尼古拉·贝尔加斯，在科恩曼小组成立之前，他是梅斯梅尔的大祭司。在和谐社中为新成员做讲座的是贝尔加斯，不是梅斯梅尔；贝尔加斯写了本教材，供他们学习；他以梅斯梅尔的名义撰写教义宣言，驳斥分裂者；

---

① Abbé Siéyès, *Notice sur la vie de Siéyès. . .* （Switzerland, 1795）, pp. 15 – 16.

他出版了《动物磁力学思考》（1784），这是催眠术的《神学大全》（*Summa Theologica*）。因此，我们必须到贝尔加斯的作品中寻找催眠术最为重要的政治版本，假定贝尔加斯的朋友与他的意见大抵一致，正如布里索在攻击学院派时所说："当催眠术最狂热的追随者贝尔加斯先生在他深刻的《思考》中粉碎了你们的报告，你们说：'他意志坚强但太过热烈。'"布里索谴责学院院士企图"打垮有独立精神的人。但这样描述一个人实际上是对他的夸奖，因为说一个人热烈，就是说他的观点超越了寻常观点的范围，说他在腐败政府之下坚守公民的节操，在野蛮人之中保持仁慈，在暴政之下仍尊重人的权利……而这些，实际上就是贝尔加斯先生的写照"。①

同卡拉一样，贝尔加斯将他的催眠术体系建立在道德与物理互为因果的流行理论之上，这构成了很多催眠术作品的中心主题，尤其是在皇家委员会报告发表之后。该报告败坏了催眠术的声誉，将抽搐等身体动作归因于一种"道德"能力，即想象力。巴伊对科学院说，委员会的调查倡导了"一种新科学，也就是道德对物理的影响的科学"。催眠术追随者利用巴

---

① 关于朗特纳和罗兰夫妇的催眠术，参见 Mme. Roland to her husband, May 10 – 15, 16, and 21, 1784, in *Lettres de Madame Roland*, ed. Claude Perround (Paris, 1900 – 1902), I, pp. 405 – 406, 408, 427. 引文分别出自 J. -P. Brissot, *Nouveau voyage dans les Etats-Unis de l'Amérique septentrionale, fait en 1788* (Paris, 1791), II, pp. 143, 133 – 134; J. -P. Brissot, *Un mot à l'oreille des académiciens de Paris*, p. 14.

伊的分析来反对巴伊，说动物磁力学就是这种新科学。安托万·塞尔旺高兴不已，"哇！那些物理和道德现象，我每天崇拜却不能理解，竟是由同一种介质产生的……"然后他总结道，"所有生命因而都是我的兄弟，自然就是我们共同的母亲！"①

贝尔加斯同意，自然支配着道德和物理这两个世界，因为他相信催眠术的液体——"自然的保存行为"（l'action conservatrice de la nature）能作为物理和道德力量发挥作用。他借鉴了当时人们把自然法则当作物理和规范秩序的看法，对上述观点进行了阐发。在他的文稿中现存两次催眠术讲座内容，他在其中解释说，自然要它的法则维持"一种恒定持久的和谐"，液体在调节非生命体之间以及人与人之间的关系时就处于这种自然状态。不和谐，或者说疾病有物理原因，也有道德原因；的确，美德是良好健康状态的必要条件，甚至连邪恶的想法都能让人生病。良知是个身体器官，"通过无数纤细

---

① J. -S. Bailly, *Exposé des expériences qui ont été faites pour l'examen du magnétisme animal. . .* （1784），p. 11；Bailly, *Rapport des commissaires chargés par le Roi de l'examen du magnétisme animal* （Paris，1784），esp. p. 48；A. -J. -M. Servan, *Doutes d'un provincial. . .* （Lyons，1784），pp. 82 – 83. 热伯兰伯爵从梅斯梅尔那儿得知"自然……在道德和物理之中同样起作用"也感到欣喜，参见 *Lettre de l'auteur du Monde Primitif. . .* （Paris，1784），p. 16. 另参见 Pierre Thouvenel, *Mémoire physique et médicinal. . .* （London，1784），p. 34；Charles Deslon, *Observations sur les deux rapports de MM. Les commissaires. . .* （1784），p. 20. 18 世纪人们对道德与物理的因果关联多有论述，一个例子是孟德斯鸠的《论原因》（*Essai sur les causes*），这是《论法的精神》的一个重要来源。参见 Robert Shackleton, *Montesquieu: A Critical Biography* （Oxford，1961），pp. 314 – 319.

的线与宇宙中的一切点相连……我们正是通过这个器官让自己
与自然达成和谐"。从物理和道德意义上讲，善就是和谐，恶
就是不和谐，因为贝尔加斯在催眠术中发现了"一种道德，
由这个世界的总体物理结构生成"（une morale émanée de la
physique générale du monde）。他用"人造道德之磁""人造道
德之电"等来描述在社会上、政治上乃至个人体内、行星之
间发挥作用的物理－道德力量。液体静静地流动，能够带来一
个健康幸福、公正有序的法兰西。和谐社这个名称就体现了这
一理想。贝尔加斯对其成员说，催眠术提供了"对奴役我们
的机构进行判决的简单规则，建立在所有情况下都适合人类的
法制所需的某些原则之上"。各地的和谐社致力于"思索宇宙
之和谐"，"了解自然之法则"。他们的章程阐释了他们在物理
和道德上的双重目标（"普遍物理"和"普遍公正"），也让
社团致力于开展这两个方面的具体活动，要用催眠术使病人恢
复健康，同时要"制止不公"。该章程上列举了资产阶级性质
的"社会美德"（"节俭"、"诚实"和"行为正确"），也倡导
人"安全、自由、财产"的自然权利。①

　　贝尔加斯把他自然法则的概念当作一个手段，用以批评法
国社会，而不是要把上帝从宇宙中挤出去。相反，他觉得必须
将这种无处不在的液体的作用归于某个神圣的智力存在。"世界

---

　　① 贝尔加斯讲座见于维利耶城堡（Château de Villiers, Villiers, Loir-et-Cher）
　　　所藏贝尔加斯手稿，部分讲座摘要可参见本书附录 4，和谐社的章程参见
　　　本书附录 5。

之形成乃某个单一意念的结果，由某个单一法则推动，没有什么比这一观点更符合我们已经形成的至高神的观念了，也没有什么比这一观点更能证明他深刻的智慧。"这种神创论的常见观点在一定程度上来自笛卡尔，尽管大多催眠术作品都摆出牛顿式的姿态。实际上，也有些催眠术作者批评牛顿不接受笛卡尔的"精微物质"，他们将其解释为一种行星之间的催眠液体。他们还挑战牛顿的引力理论，宣称"引力是一种玄妙的品性，固有于物质之中的一种特性，谁也不知道为何如此"。贝尔加斯为新会员写的秘密讲义，开篇是一句笛卡尔式的话："本有的法则只有一个：上帝。自然之中创造出来的法则有两个：物质和运动。"这个在很多催眠术作品中引用的信条很有意思，因为是用符号写的，不是词语。催眠师把讲义当作"一本用神秘字符写成的信条"，这些神秘符号能够传达语言无法传达的意义。梅斯梅尔在荒野中退隐三个月，其间得自天地自然的纯粹信条可以用这些符号传达。"动物磁力学，在梅斯梅尔的手中似乎不是别的，就是自然本身，"德隆如此说道。另一位催眠师称之为"上帝存在之展现"，同时在复制贝尔加斯的信条时宣称数字"三"具有魔力，还画了一个三角形，顶端是"上帝"（Dieu）这个词，两边分别是"物质"（la matière）和"运动"（le mouvement）。这种对符号和数字的神秘力量的信仰，来自光照派和宗教神秘主义的风尚，显然是旧制度后面几年对 18 世纪前期更加冰冷、无神论思想的理性主义的一种反动。1786 年，和谐社要求其成员宣誓信仰上帝和灵魂的不朽，且排斥"如此糊涂以至于当了唯物主义者的那些家伙"。科尔伯龙在他为贝尔加斯一场讲座所做的笔记中说："据此可以认为，运动是由上帝传达的，这一点无可争议，也是对无神论简单有力的回答。"①

催眠师对自然的神秘观念让人想起卢梭，特别是他们经常把原始自然与现代社会的堕落加以对比。他们有时候主张，催眠术是向希波克拉底的"自然"疗法或某个被遗忘的原始民族的科学的回归，这个理论尤其为热伯兰伯爵的追随者所喜爱。作为哲学家，热伯兰致力于在古老语言中寻找失落的原始科学的痕迹。1783 年，热伯兰给他的支持者写了一封信，代替他的《原始世界》第九卷，在信中他接受了这一理论。在热情洋溢地为动物磁力学辩护时，他宣布梅斯梅尔帮助他恢复了糟糕的身体，也帮助他重新找到了原始科学之路，原始科学也是催眠术的一种形式。

---

① Nicolas Bergasse, *Considérations sur le magnétisme animal* (The Hague, 1784), p. 43; Galart de Montjoie, *Lettre sur le magnétisme animal...* (Paris, 1784), p. 25; *Système raisonné du magnétisme universel...* (1786), pp. iii, 110, 121; Charles Deslon, *Observations sur le magnétisme animal* (London, 1784), p. 101; *Nouvelle découverte sur le magnétisme animal...*, pp. 1, 14; Corberon's journal, Bibliothèque municipale, Avignon, ms 3059, entry April 7, 1784. 贝尔加斯的讲义，题为 *Théorie du monde et des êtres organisés*，以及一份解读讲义的图例，藏于法国国家图书馆 [Bibliothèque Nationale, 4° Tb 62. 1 (17)]. 本书附录 5 有一页样本。讲义由 Caullet de Veaumorel 重印，有修改，题为 *Aphorismes de M. Mesmer...* (1785)。几位催眠师证明讲义的作者是贝尔加斯，包括贝尔加斯本人，参见 *Observations de M. Bergasse sur un écrit du Docteur Mesmer...* (London, 1785), p. 25. 关于 18 世纪法国科学中一贯的笛卡尔特征，参见 Aram Vartanian, *Diderot and Descartes: A Study of Scientific Naturalism in the Enlightenment* (Princeton, 1953).

热伯兰加入了和谐社，与梅斯梅尔一起搬进夸尼旅馆，成了一位他最有效的信仰传播者——直到他一年后死在一个催眠术木桶里。梅斯梅尔本人称他的理论是"原始时期得到认可之真理的残余"，他是在试图逃离社会、与自然交流时发现这一真理的。他曾像卢梭的野蛮人那样独自在树林里待了三个月。"在那儿我觉得离自然更近了……噢，自然啊，我在阵阵难以遏制的情感中呼喊，你要我做什么呢？"在这种受到启发的状态下，他能够从他的意识中抹除所有来自社会的观念，能够不使用词语进行思考（卢梭已经表明词语不过是社会的机巧），能够畅饮自然的纯粹哲学。他像一个自然人一样到了巴黎，为文明的偏颇狭隘感到惊诧，发誓要"以我从天地自然所获之纯洁，将我手握之无上馈赠传予人类"。①

热伯兰与梅斯梅尔观点之间的关联，为贝尔加斯指出了运用这一自然哲学的方法。他把现代的堕落与原始的美德和健康进行比较，并攻击他所处时代的道德和政治标准。这一技巧同样让人想起卢梭对现代社会的谴责，正如拉格罗神父（Abbé

---

① Elie de la Poterie, *Examen de la doctrine d'Hippocrate...* (Brest, 1785); *De la philosophie corpusculaire...* (Paris, 1785); Court de Gébelin, *Lettre de l'auteur du Monde Primitif*; F. A. Mesmer, *Précis historique des faits relatifs au magnétisme animal...* (London, 1781), pp. 20 – 25. 另一位催眠师赞美"原始的愚钝"（l'ignorance primitive），提倡用催眠术回归"纯粹的自然状态"（l'état pur de la nature），逃离"社会机构的洪流"（le torrent des institutions sociales）。*Nouvelle découverte sur le magnétisme animal*, pp. 4 – 5.

le Gros）在一本比较卢梭与热伯兰两人著作的书中所强调的那样，"他们一再强调原始时代的幸福，强调当前的偏狭和堕落，强调有必要进行一场革命、一次全面改革"。贝尔加斯不仅阅读卢梭的作品、崇拜卢梭，而且还找他当面会谈，并将他们的谈话引到一个热门话题上来。"他热烈地谈论起道德和当前政府的组成，这时我们的谈话就更加严肃了……我们处在一场伟大革命的边缘，他补充道。"贝尔加斯甚至把自己看作某种催眠术式的卢梭，正如他在给未婚妻佩佩蒂的信中指出的那样："你不是第一个注意到我和你的好朋友让－雅克之间有相似之处的人。然而，有些原则他并不知道，否则他就不会那么不开心。"法国人含泪读完《新爱洛伊丝》（*La Nouvelle Héloïse*）或《忏悔录》之后都能与卢梭产生共鸣，但与他们不同的是，贝尔加斯把与卢梭不同的观点纳入了一个体系，因此能够保留导师的道德热情，抛开他一些棘手的公理，比如社会起源于契约。贝尔加斯相信，人是自然的社会动物，一个真正自然、原始的社会必然是和人同时被创造出来的。原始社会像原初的宇宙一样，是个神圣的创造，由完美的和谐支配。那是个规范秩序，法兰西应当回归那儿。"社会这个词的意思，不能理解为当前存在的社会……而是应当存在的社会，自然的社会，来自我们的本性在有序之时必会产生的关系……社会的指导原则是和谐。"巴伊后来回忆，在他和贝尔加斯打算在国民议会制宪会议上准备一份革命法国的宪法时，"为了讨论宪法和人权，贝尔加斯先生要我们回到自然的法则，回到野蛮的状态"。①

确定了原始和谐社会这一理想之后，贝尔加斯在催眠术信条中寻找重建这种社会的方法。同卢梭一样，他得出了一套关于教育的理论，同时可以作为批判当时社会的武器。贝尔加斯觉得，卢梭已经为一套能够复兴社会的教育理论指明了方向，正确地强调了物理和道德力量的互动对儿童成长的影响，但他缺少理解这些力量的钥匙——催眠术。贝尔加斯表明，催眠液体的作用以两种方式决定了儿童的成长：通过其他生命的直接影响；或间接通过感觉的传递，儿童通过这些感觉形成观念。

贝尔加斯解释道，一切实体，包括人和星球都通过使液体运动而相互影响。星球的影响更加规则有力，为他提供了一个科学版本的占星术；人与人之间更加多变的影响，提示可以对卢梭的同情论或移情论进行科学解释，同情或移情是各种社会

---

① Abbé Le Gros, *Analyse des ouvrages de J. -J. Rousseau de Genève et de M. Court de Gébelin*, *auteur du Monde Primitif* (Geneva and Paris, 1785), p. 5; Bergasse to Rambaud de Vallières, in Louis Bergasse, *Un défenseur des principes traditionnels sous la Révolution*, *Nicolas Bergasse* (Paris, 1910), p. 24; 贝尔加斯致佩佩蒂的书信，日期标注为"这个 21 日"（1791 年？），见于维莱的贝尔加斯文稿；贝尔加斯的笔记 *Théorie du Monde*，第三编（troisième partie）。关于他对于契约理论的反对，参见 Bergasse, *Mémoire sur une question d'adultère…* (1787), pp. 75 - 76, 80. 贝尔加斯、布里索和卡拉都认识并崇拜热伯兰，引用过他的 *Monde Primitif...* (Paris, 1787 - 1789; 1 ed., 1773 - 1782). 尽管有皇家支持，该书仍含有一些强烈的政治观点。例如，第 1 卷第 87 页热伯兰关于"原始和谐"（l'harmonie primitive）的话，第 8 卷中他的"汇编"（Vue générale）。巴伊的话见于 *Mémoires de Bailly....* ed. S. A. Berville and Barrière (Paris, 1821), I, p. 299.

美德的基础。人不能控制星星对孩子的影响（尽管梅斯梅尔后来自称已经催眠了太阳），但可以让他周围聚集合适的人。这些人应该拥有可以与孩子发生移情作用的体质。也就是说，他们的液体能够均匀地流向他，传递他们的健康和美德，扫清通向和谐之路的一切障碍。这一理论还有希望治疗生病和邪恶的成年人，因为催眠师能够治愈一切形式的退化，方法是让他们自己与病人"相联"（en rapport），让他们有益健康的液体强有力地流向病人。既然"道德（les moeurs）总体上来自人与人之间的关系"，这种治疗方法最终就会带来国家的道德复兴。"我们身体构造上的任何变化、任何改变，都必然会导致我们道德构造上的变化和改变，因此要在一个国家的道德上引发革命，净化或腐化事情的物理秩序就足够了。"因为"道德是政治大厦的黏合剂"，所以这种道德革命就会带来政治机构的转型。①

贝尔加斯充分认识到法国通向和谐的途中阻碍重重，因而不指望催眠术的千禧年马上来临。他建议催眠师致力于发展儿童身上的美德，他们的意识还没有被堕落社会完全损坏。作为优秀的经验主义者，卢梭已经表明儿童的道德发展依赖于他们所接触到的感觉，但他并不知道催眠术所揭示的关键真理，即感觉是由梅斯梅尔那种无所不能的液体传递的。卢梭认为艺术

---

① Bergasse, *Considérations*, pp. 78 – 79, 84; Bergasse, *Lettre d'un medecin de la faculté de Paris...* (The Hague, 1781), p. 54. 这两部作品以及贝尔加斯的讲义 *Théorie du monde*、*Dialogue entre un docteur...et un homme de bon sens...* (1784) 以及维莱所藏其文稿，是本书关于他催眠术理论相关讨论的基础。

有坏的效果，而这一真理为他的理论提供了科学依据。人在自然的社会里能够享受良好的健康和道德，因为他们的原始艺术还没能阻止很多感觉到达他们的"感知力"（sensibility）。他们的器官记录下高度发达艺术留下的不和谐印象后便受到了损害，这时他的道德才开始衰退。骄奢、饕餮、淫荡，现代法国生活方式所提供的这一切感觉在人们中间产生了不和谐，败坏了他们的道德。更有甚者，政治机构护卫着这种生活方式，因此"让我们衰退的一切身体病痛都应归因于我们的机构"。贝尔加斯计划对艺术进行改革，但他将这项任务放到了次要位置，因为振兴法国道德和政治的需要更加迫切。①

"我们几乎已经失去了与自然的一切联系"，在批判现代法国的艺术、道德和政治时，贝尔加斯如此哀叹道，"今天出生的孩子，体质已经被几个世纪以来的社会习俗……改变，无论多少，他们身上总是带有堕落的种子。"与文明的艺术与虚饰接触最多的各个阶级，他们自然的身体－道德力量已经被这种堕落逐渐侵蚀殆尽。但是，普通人仍旧保留着一些原始的美德，因此更加健康，生病之后也更容易治愈。贝尔加斯以梅斯梅尔的名义发布号召，要求动员农民和发扬乡村牧师的美德，其中已隐约有民主的调子。"我的发现将会开花结果，尤其是在乡村，在最为勤劳、腐化最少的社会阶级之中。在那儿，很容易把人重新放回大自然守护法则的支配之下。"在《动物磁

---

① 引文出自 Bergasse, *Lettre d'un medecin*, p. 51.

力学思考》中，贝尔加斯重复道："普通人，生活在田野中的人，生病之后比世故的人恢复得更快、更好。"贝尔加斯相信，更加文明的各个阶级处在非常严重的堕落阶段，以至于他们的孩子如果仅仅靠接触自然，是不可能像农民那样重新获得健康和美德的。必须通过催眠术，以"加强……自然本身的能量"。梅斯梅尔让科恩曼的儿子在木桶旁待了很多个小时，治愈了他的部分眼盲，木桶也成为他教育的中心。结果，他成长得好像他就是卢梭的爱弥儿一样。"与自身和谐，与周围的一切和谐，他在自然之中成长——如果能够用这个表达方法，也是这儿唯一合适的表达方法——就像一丛灌木一样，强有力的须根在肥沃的适耕土壤中伸展。"①

　　然而，科恩曼不信奉催眠术的妻子却为"当权之人"（gens en place）所引诱，与她的家庭断绝了关系，落入了贵族道德的陷阱。贝尔加斯正是希望通过与家庭之间亲密、催眠术式的"联系"（rapports）来复兴法兰西，所以科恩曼在1787~1789年起诉其妻子通奸，为贝尔加斯提供了材料，以进行道德说教式的激昂论辩，那实际上是对旧制度本身提出了挑战。在一系列以法律"论文"（mémoires）之名发表的激进手册中，贝尔加斯把科恩曼夫人的堕落解释成了法国政府腐败的寓言。他描

① Bergasse, *Considérations*, pp. 63 – 65, 127; Mesmer's Letter, written by Bergasse, in *Journal de Paris*, January 16, 1785, pp. 66 – 67; *Détail des cures opérées à Buzancy*, *près Soissons*, *par le magnétisme animal* (Soissons, 1784), p. 42.

绘她被巴黎警察头子（就是曾警告政府注意催眠术危险的那个让‐皮埃尔·勒努瓦）塞入爱巢，而凡尔赛邪恶的精灵在背景里淫荡地潜伏着。他还用数百条耸人听闻的细节对这幅画进行解释，以此来说明他的主旨：堕落的“当权之人”正在利用他们的位置毁灭法国家庭的“关联”。贝尔加斯在他的催眠术作品中已经得出过这个结论，但现在他采取了煽情的风格，让这个结论变得鲜活起来。他的“论文”读来好像是浪漫小说。其主人公科恩曼受尽磨难，是典型的专制的牺牲品，而他的例子则是一个警告，说明任何诚实的资产阶级人士都有可能碰上他这样的厄运。贝尔加斯的“论文”也许为革命前的激进宣传提供了最有效的弹药。在巴黎皇宫、咖啡馆里，人们租来他的手册，一页一页地相互传阅。贝尔加斯将最后也是最具爆炸性的一枚弹药直接瞄准了大臣，他们在 1788 年夏天试图摧毁各高等法院，阻止召开三级会议。他于 1788 年 8 月 8 日发表了一封致国王的公开信，要求解除布里耶纳的财政大臣职务，然后他就逃离了法国。布里耶纳下台之后，贝尔加斯回到国内，成了民族英雄，继而成为三级会议的一名主要成员。①

在 18 世纪中期——那时此类直接的政治鼓动似乎还遥不

---

① 科恩曼事件的详细描述，可参阅 Robert Darnton, "Trends in Radical Propaganda on the Eve of the French Revolution (1782 – 1788)," D. Phil. Diss., Oxford University, 1964. 贝尔加斯最重要的法律“论文”或“事实陈诉”（factums）包括 *Mémoire pour le sieur Bergasse dans la cause du sieur Kornmann...* (1788); *Observations du sieur Bergasse sur l'écrit du sieur de Beaumarchais...* (1788); *Mémoire sur une question d'adultère...* (1787).

可及——贝尔加斯致力于一个更加理论化的问题：被施以催眠术的自然人，比如说小科恩曼，在法国堕落的社会中会有什么样的行为？他不会寻求"自然使我们在其中出生的原始的独立"吗？贝尔加斯解释说，医生察觉了其中的危险，因而他们倡导那些致人死命的疗法，那些手段"使人类衰退，力量退化到只够顺从地承受社会机构的枷锁的地步"。医生迫害催眠术，不仅服务于他们自己的利益，也服务于机构上层那些人的利益。在一个复兴的、催眠术化的法国，那些机构就会崩溃。贝尔加斯认为医药是个"机构，属于自然，但同样属于政治"。在以一位反催眠术医生名义写的文章中，他警告说："如果动物磁力学碰巧真的存在……那么先生，我问你，有什么样的革命我们不能期待呢？各种各样的病痛，还有本该解除病痛的各种疗方，把我们这代人搞得筋疲力尽，等我们让位于更有力、更坚强的下一代，他们除了自然法则之外，不知道其他自我保存的法则。到那时候，我们的习惯、我们的艺术、我们的风俗会怎么样呢？……更强健的体质，会让我们记住独立。有了那样的体质，我们必然会形成新的道德，那时候，我们怎么能忍受今天支配着我们的那些机构的枷锁呢？"①

在对人与人之间的身体和心理关系进行催眠术式的分析中，贝尔加斯注入了卢梭式的偏见。通过这种方法，他看出了一条对法国进行革命的路。他将会颠倒身体－道德因果律这一

①　引文均出自 Bergasse, *Lettre d'un médecin*, pp. 57 – 66.

历史潮流，通过从身体上振兴法国人来改革机构。身体改善就能改善道德，而更好的道德最终会产生政治效果。可以肯定，这场革命没有流血、没有电闪雷鸣。看来是个间接行动的方法，要在催眠木桶里坐上很多年，这很难满足1787~1789年的革命者，那时候政治危机已经占据了公众的注意力。但在1780年代早期，催眠术是万众瞩目的事情，贝尔加斯利用它来包裹激进的观点，向尚未开始关注政治事件的读者传播一种粗俗版本的卢梭主义。他将梅斯梅尔单纯的江湖医术政治化，使之具备一定的杀伤力，足以让巴黎警方警觉，这也为他1787年和1788年激进宣传家这个更有影响力的角色做了准备。就算只把催眠术看作一个已经死亡的意识形态的化石残骸，也值得把它从被历史遗忘的角落中拯救出来。因为它表明了抽象的政治观点如何在1780年代的法国人面前鲜活了起来，最不可能的事件如何能够变成对旧制度的指控，而那个制度又是如何彻底地失去了那个年代一些最有影响力的人的支持。实际上催眠术对法国影响久远，它在历史上的地位不能局限在1780年代，到19世纪催眠术仍在继续影响着法国民众的态度和兴趣。

第五章

从梅斯梅尔到雨果

催眠术运动并没有随着旧制度的灭亡而灭亡，只是在大革命中散落碎裂，等着将来被纳入19世纪哲学家的体系。像1780年代那种纯粹的梅斯梅尔主义者，在19世纪已经寥寥无几。19世纪产生了兼收并蓄的思想家，试图从启蒙主义的废墟中重建普遍理论。他们避免过度依赖理性，那是旧大厦的统一原则，在大革命的张力下已经崩溃了。但他们也觉得无法抓住他们祖父辈的信仰，以应对他们父辈理性主义的失败，因为启蒙主义对宗教正统造成了重大损害。因此，很多后期的启蒙思想家都试图建立一个非正统的体系从而能够解释非理性，解释恶的存在，甚至在"恐怖统治"终结的18世纪之前，这一考虑就曾对启蒙思想的平衡带来了威胁。宗教神秘主义为这些哲学家提供了最丰富的非理性资源，因为它流过了理性的年代，流经痉挛派和梅斯梅尔主义者，像一股地下暗流。1789年以后，这股暗流来到地面上，斯维登堡主义（Swedenborgianism）、马丁主义（martinism）、玫瑰十字主义（Rosicrucianism）、炼金术、面相学及其他唯灵论的水流纷纷汇入，这条河流很快就涨了起来，但催眠术仍是其中最强有力的水流之一。勾画1789年到大约

1850 年这条河流的起伏曲折，能够帮助我们更好地理解 1780 年代的催眠术，明确它在启蒙主义到浪漫主义的过渡中所扮演的角色。追踪一个思想流派如何从一个极端——18 世纪相信理性能够解开自然法则——发展到另一个极端——19 世纪热衷于超自然和非理性，可以让我们更好地理解通常附着在启蒙主义和浪漫主义这两个标签上的种种立场。

大革命前的梅斯梅尔主义者形成了他们自己的一套观点，符合一般意义上的唯灵论的特征。他们强调自然的物理法则与道德法则之间的互动，尤其提倡"牛顿式"的伦理和政治理论；他们对光、电和其他力量做出了伪科学的分析；他们信仰一种原始的自然社会，能够通过一门原始语言的片段进行了解；他们对原始宗教也抱有相应的信仰，其中汇集了很多成分，包括泛神论、神权政治、拜星教（sabaism）、占星术、千禧年主义（millenarianism）、灵魂转生说，还有人与上帝由不同等级的精灵联系起来的信仰。这些观点是很多唯灵论者的存货，在此基础上，梅斯梅尔主义者还加上了他们独特的医药理论、液体和梦游疗法。他们通常将梦游解释为一种特殊状态，内部感官可以与精神世界交流，将内在的那个人解放出来，让他在时空中穿行，而他的身体则在恍惚之中一动不动。拉瓦特尔的催眠术追随者传播一种信仰，认为心智的各种官能，尤其是意志能够从人的脸上读出来，能够通过眼睛发出液体而影响他人；其他梅斯梅尔主义者把很多外来的信条嫁接到梅斯梅尔和贝尔加斯的理论上，因为他们欢迎一切可能有助于达到他们主要目标的观点，而那个主要目标就是从物质世界攀升到精神世界。当然，他们是从大革命前催眠术的最高点出发的，其时梦游已经将该运动与马丁主义、斯维登堡主义及其他形式的唯灵论联系了起来。

1789 年的前九个月，贝尔加斯本人致力于世俗事务。他协助领导了一个主张将法国变成保守的君主立宪国家的集团。然而，随着大革命向左的方向发展，他隐退到精神的王国之中，陪伴他的还有波旁女公爵，她是其家族唯一接受大革命的人——当然除了她那位尽人皆知的兄弟前奥尔良公爵（Duc d'Orléans）菲利普·爱卡利蒂（Philippe Egalité）。波旁女公爵还与大革命造就的两位最特殊的神秘主义者——叙泽特·拉布鲁斯（Suzette Labrousse）和卡特琳·泰奥特（Cathérine Théot）所见相同。大革命为拉布鲁斯小姐提供了天启预言和批判贵族僧侣的材料。波旁女公爵把这些发表在《预言杂志》（Journal Prophétique）上，编者是皮埃尔·普朗塔尔（Pierre Pontard）。普朗塔尔是个密谋者，协助叙泽特开创了公共事业，并确保她的预言与雅各宾派思想一致。叙泽特代表了催眠术最极端的政治版本，但她并不忽略催眠术的医疗使命。她施行了几次催眠术治疗，只是为了听从自己的神示（visions）才放弃治疗，神示命令她徒步到罗马朝圣。在罗马，她意图改变教皇的信仰，结果被当作疯子囚禁了起来。"上帝之母"——卡特琳·泰奥特在大革命前曾因同一原因被拘禁。她于 1789 年被释放，已经 83 岁了，她宣布她将生出上帝从而开始天启。她在一位名叫戈德弗鲁瓦（Godefroy）的寡妇家中主持神秘仪式，后来同样成了政治密谋的棋子。1794 年治安委员会中的一些特工显然想要扳倒罗伯斯庇尔，让她口授了一封给罗伯斯庇尔的贺信，感谢他在"至尊神"的信仰中认可她的儿子，并完成了由先知以西结（Ezekiel）预先告知的使命。该阴谋的目的显然是要揭露罗伯斯庇尔所谓救世主式的架子，从而使他蒙羞。虽然罗伯斯庇尔察觉到了阴谋，但这一事件加深了公安委员会中的同事与他的隔阂，为他的倒台做了铺垫。卡特琳·泰奥特的降神会上究竟有多少催眠术的成分，现在很难说清楚，但其中肯定有一些催眠术的因素，因为波旁女公爵几位信奉催眠术的秘教伙伴也被牵连在内。波旁女公爵表面上成为卡特琳的追随者是受到热尔勒修士（dom Gerle）的影响，他曾是一家隐修院的院长，把叙泽特·拉布鲁斯丢给皮埃尔·普朗塔尔之后，他接过了"上帝之母"这项事业。虔诚的梅斯梅尔主义者、波旁女公爵及贝尔加斯的朋友玛格达莱妮·施威策尔后来写道，她已经成了卡特琳的狂热支持者；由于他与女公爵的秘教圈子之间的关联，贝尔加斯被捕入狱，差点被送上断头台。①

---

① 这部分及以下叙述多参考 Auguste Viatte, *Les Sources occultes du romantisme*: *illuminism —théosophie*, *1770 - 1820*, 2 vols.（Paris, 1928）. 关于波旁女公爵的圈子，参见 *Lavaters Beziehungen zu Paris in den Revolutionsjahren*, *1789 - 1795*, ed. G. Finsler（Zurich, 1898），esp. pp. 23 - 25；Magdalene Schweizer to J. C. Lavater, Decemeber 23, 1789, pp. 27 * - 30 *. 泰奥特事件一个很好的概述可见于 J. M. Thompson, *Robespierre*（Oxford, 1935），Ⅱ, pp. 210 - 212. 贝尔加斯被捕的细节，见于 W 479 和 F⁷ 4595, Archives Nationales. F⁷ 4595 包含他的手册 *Réflexions du citoyen Bergasse sur sa translation à Paris*。他在手册中说，他只见过热尔勒修士一次，已经四年都没见过波旁女公爵了。

大革命使布里索的催眠术信仰发生了逆转，与大革命给他带来的时来运转同样突然。实际上，两者有可能是相互关联的。布里索转而批判催眠术，也许是因为他获得了大革命前没有得到的权力和声望，所以就用不上催眠术了。当初他大志难酬，便于1785年转而信奉催眠术；但到1790年，他已经迈入了大革命的中心。而且，作为《法兰西爱国者报》（*Patriote francois*）的编辑，他还监视着新的革命正统周围那些可疑的运动。因此在1890年代中期，在加入巴黎市研究委员会（Comité de Recherches）后，他宣布"梦游者的反革命"（coutre-révolution de somnambules）是危险的。他说，有两个人企图通过催眠液体的方式向国王传递一个反动的计划。他们是从托马森夫人（Madame Thomassin）那儿得到消息的，托马森夫人是个与贵族联系的梦游者，她的消息直接来自圣母玛利亚；他们企图在圣克卢（Saint Cloud）将这一消息用催眠术的方式"印"到国王的意识上，结果却当场被捕了——这让他们感到很惊讶，因为他们相信自己是隐形的。在另一次降神会上，托马森夫人口授了一份关于一个反革命阴谋的记录，这个阴谋涉及了英格兰和西班牙的海军、奥尔良公爵、米拉博、利扬库尔公爵（Duc de Liancourt）、亚历山大·拉梅特和夏尔·拉梅特（Alexandre and Charles Lameth）。如同诺斯特拉达穆斯（Nostradamus）预测的那样，他们的联盟将会引发天启，因为"法国的政治革命，只不过是全球范围内一场普遍的宗教、道德和政治革命的引子"。布里索认为这些"趋向于反革命的危险观点"非常严重,应该予以打击。他本人和梦游术有过接触,也许是真的害怕斐扬派的千禧年末世,但从他回击的口吻来看,他的担心是政治上的,而不是神秘学上的畏惧。他嘲讽催眠术的光照主义,与大革命前催眠术的对手的做法如出一辙,当时布里索还曾为此愤愤不平呢。此时的布里索写起文章来,就像是一个颠倒过来的巴吕埃尔(Barruel)一样:"各个光照派团体没有减少反而在增加,这难道不是法国政治环境的结果吗?对事物新秩序不满的那些人聚集到了光照派的神秘教义之下,希望在那神秘教义之中找到摧毁(这一新秩序)的方法?"①

一位发疯的威尔士人,名叫詹姆斯·马修斯(James Tilly Matthews),最后一次扭曲了梅斯梅尔的液体在大革命期间所传递的政治信息。马修斯收到了一份英法和平的提议,是英国政府于1794年用催眠液体的方式送到巴黎给他的。有一阵子,他的计划得到了治安委员会的严肃考虑,但委员会最后还是决定逮捕他,不过理由不是伪造国书,而是有丹东主义(Dantonism)的嫌疑。②

----

① J. -P. Brissot, *Rapport sur l'affaire de MM. Dhosier et Petit-Jean*, reprinted in *La Révolution française* (1882), Ⅱ, pp. 600, 613, 594. 关于此事的细节及其所引起的争论,亦可参见 Stanislas de Clermont-Tonnerre, *Nouvelles observations sur les comités des recherches* (Paris, 1790); Brissot, *J. P. Brissot, member du comité de recherches de la municipalité à Stanislas Clermont. . .* (Paris, 1790); Brissot, *Réplique de J. P. Brissot à Stanislas Clermont. . .* (Paris, 1790); 布里索的文章见于 *Patriote françois*, July 3 and 5 and August 2 and 6, 1790.

② David Williams, "Un document inédit sur la Gironde," *Annales historiques de la Révolution française*, XV (1938), pp. 430 – 431.

通过"社会小组"（Cercle Social），催眠术对大革命带来了不太明显却更加普遍的影响，这是个信奉神秘学的革命者团体，希望建立一个由共济会组织的"真理之友普遍联盟"（Universal Confederation of Friends of the Truth）。社会小组的意识形态来自一种神秘学，雷蒂夫·德·拉布雷东对其做过最充分的描述。他是位小说家，以"阴沟中的卢梭"（Rousseau du ruisseau）闻名。雷蒂夫巴洛克式的想象力创造了一套宇宙理论，其中有能通过交媾产生生命的动物星球，有依次投胎于石头、植物、动物而逐步进化的毕达哥拉斯式的精灵，有居住在无数太阳系下无数世界中的生物，还有一个泛神论意义上的神，他通过晶化过程不停地创造各个宇宙，然后又通过吸收太阳而摧毁它们，因为太阳是宇宙"大动物"的大脑。在这个动物主义、与性相关的宇宙，雷蒂夫又涂上了一层"智液"，那与梅斯梅尔的液体一样，是上帝与人的内部感知之间的媒介。"那个唯一的大动物，那个'全'（All），上帝是它的物理和智力大脑，他的智力是一种真实的液体，像光一样，但要稀薄得多，因为它不会触碰我们任何外部感官，只作用于我们的内部感知。"[1] 雷蒂夫自称，他的理论来自自然，不是从梅斯梅尔或任何其他人那儿来的。不过也许米拉博算是例外，他写过一篇关于"高物理"（high physics）的论文，现在似乎已

----

[1]　Restif de la Bretonne, *Monsieur Nicolas ou le Coeur humain dévoilé* (Paris, 1959), V, pp. 278 – 279.

经散佚，雷蒂夫在《尼古拉阁下之哲学》（*La Philosophie de Monsieur Nicolas*）中曾对该文做过概括。①

无论来源于何处，雷蒂夫的理论以及其他与催眠术相近的观点出现在《铁嘴报》（*La Bouche de fer*）上，那是"社会小组"的喉舌，创立者是雷蒂夫的朋友尼古拉·德·博纳维尔（Nicolas de Bonneville）。该报的订阅者能够读到动物星球、灵魂转世、原始宗教和语言，也有关于普遍和谐的内容。该报告诉读者，"社会小组"旨在"传播那定会让自然与社会协调的神圣和谐的原则"。博纳维尔一直强调物理与道德法则的互动，而且他希望人们逐字逐句地去体会他的科学譬喻，所以他用斜体突出他对自然基本法则的描述："它们隐藏的、根本的推动力将会告诉你们，那个纯洁而自由的词，真理那炙热的形象，将会以它积极的热量照亮一切，以它引力的力量磁化一切，电化优秀的导体，将人、国家和宇宙组织起来。"博纳维尔以诗歌和散文的形式，将这些神秘的政治－科学观点随手写进了他的所有作品。他大量吸收了 1780 年代的伪科学潮流，也借用了很多催眠术的东西。他很少提到梅斯梅尔，却用"社会小组"提倡卡拉的作品。他本人的作品与卡拉的作品有很多相似之处，而且拉阿尔普也将他纳入马丁主义者和梦游者之列。德博纳维尔甚至还间接提到过催眠术的一个信条，即镜子和音乐能够加

---

① Bretonne, *Monsieur Nicolas ou le Coeur humain dévoilé*, V and VI. 其中收录了 *La Philosophie de Monsieur Nicolas*。雷蒂夫是梅西耶的好友，梅西耶成了催眠术的倡导者，与卡拉有合作著述。

强液体对内在感知的作用。他曾说一个人是"动物化的自然之镜"（miroir *animé* de la nature），其对神秘启示状态的描述与贝尔加斯如出一辙。"在自然之上帝的手中，有一架竖琴，无处不在的琴弦与所有人的心相连，永不停歇地缠缚着它们，这神圣的竖琴是什么呢？它就是真理。所有民族都倾听着它发出来的最微弱的声音，一切都感知着普遍和谐的神圣影响。"①

　　博纳维尔以及与他共同创建"社会小组"的克劳德·福谢神父（Abbé Claude Fauchet）所持的政治观点来自一些著名作家，比如卢梭和马布利（Mably），但与卡拉和热伯兰伯爵的原始自然社会的理想也有相近之处。博纳维尔和福谢宣扬原始基督徒以及所有原始人的那种共产主义（他们认为原始人具有自然的社会属性，就像贝尔加斯在批评卢梭时所主张的那样）。他们要求根据一部耕地法重新分配财产，严格限制遗产继承。雷蒂夫自己在《尼古拉阁下之哲学》中发表了一份共产宣言，可能还给"社会小组"写过文章，但他一直是大革命的旁观者，胆怯、偶尔愤怒，很少超出这个角色。博纳维尔和福谢追求的却是极端的、亲科尔德利耶（Cordelier）而反雅各宾的路线。在1790年10月"社会小组"的头几次聚会中，他们宣讲其神秘学政治信条，听众达数千人，其中包括布里索、潘恩、

---

① *La Bouche de fer*, October, 1790, p. 21; Nicolas de Bonneville, *De l'esprit des religions* (Paris, 1791), pp. 189 - 190, 75, 152. 对卡拉的提及，参见 *Cercle Social* (Paris, 1790), pp. 353 - 360. 拉阿尔普的话，参见 *Mercure de France*, December 25, 1790, p. 119.

孔多塞、西哀士、德穆兰（Desmoulins）、罗兰夫人和其他革命领袖。"社会小组"在1791年夏天的危机中分裂，在接下来的几个月中，其领导人坚定地站在吉伦特派一边。博纳维尔与布里索、克拉维埃和孔多塞合作，在吉伦特派报纸《每月纪事报》（*Chronique du mois*）上撰写文章，福谢则于1793年10月31日与其他19名吉伦特派领导人一起上了断头台。①

福谢和博纳维尔的共产观点可能将他们引到了大革命的极左路线上，但他们喜好与神灵交流、兄弟会组织和滔滔雄辩，因而与罗兰和布里索一致。他们信仰乌托邦式的共产主义，一种普遍和谐的共产主义。他们也许接受了马拉关于火和光的理论，却不能跟随马拉走上街头或钻入下水道，他们的立场典型地体现了其他吉伦特派的立场。夏尔·诺迪埃（Charles Nodier）对康西厄格雷堡（Conciergerie）中吉伦特派最后的晚餐的描写，强调了卡拉通过德国催眠 - 光照派信徒安德烈·塞弗特（André Seiffert）医生对博纳维尔和诺迪埃本人的哲学所产生的影响。诺迪埃本人也浅尝过催眠术，其生动地刻画了卡拉在走上断头台前对布里索谈论宇宙论的景象。这是

---

① 根据弗朗茨·丰克 - 布伦塔诺（Frantz Funck-Brentano）的观点，雷蒂夫为米拉博写过攻击莫里神父（Abbé Maury）的手册，参见 *Restif de la Bretonne*：*portraits et documents inédits*（Paris, 1928），p. 372. 这些手册与"社会小组"中的一些文章相似，*Cercle Social*，pp. 175 - 176，182 - 184. 另参见 Jules Charrier, *Claude Fauchet，évêque constitutionnel du Calvados，député à l'Assemblée Législative et à la Convention，1744 - 1795*（Paris, 1909）；Philippe Le Harivel, *Nicolas de Bonneville，pré-romantique et révolutionnaire，1760 - 1828*（Strasbourg, 1923）.

个虚构的故事，但它突出了吉伦特派戏剧性的讲话和浪漫的视角。这个阶段的大革命就算不是最开明的，也是最具光照派特点的，而诺迪埃的作品则抓住了大革命这个阶段的精髓。①

　　大革命中的各催眠术事件，只是一场在移民和社会动荡中流散消解的运动偶尔爆发而已。在拿破仑和王政复辟年代，催眠派又重聚起来，运动再次高涨、发展迅猛，并再一次表达了很多受过教育的法国人的思想。但是大革命已经改变了运动的进程，这一点可以从杜邦·德·内穆尔（P. S. Dupont de Nemours）的通灵论信条中看出来。杜邦是杜尔哥和拉瓦锡的朋友，头脑冷静，信奉重农主义，要让他改信通灵论似乎根本不可能。实际上，在他通灵论作品《宇宙哲学》（*Philosophie de l'univers*）中，他插入了一则说上帝像钟表匠的比喻，还对拉瓦锡的化学理论进行了极其准确的总结；就在对氧气进行解释的那一页上，杜邦还提出世界是一头巨大的动物，人不过是上面的昆虫。他以杜尔哥的风格继续论述雷蒂夫或卡拉式的观点：一系列看不见的精灵在我们与上帝之间延伸开去；这些精灵通过一种看不见的液体与我们的第六感交流；我们的灵魂在矿物世界、植物世界和动物世界中迁徙（杜邦从自己的面相判断，认为自己前生可能是一条狗），在星星中穿行，直到最后在生命的最高阶段安歇下来，成为"至善人"（Optimates）。杜邦没有

---

① Charles Nodier, Le Dernier banquet des Girondins, in *Souvenirs de la Révolution et de l'Empire* (Paris, 1850), I, pp. 179 – 285.

承认催眠术信仰，但他与催眠派有很多共同之处。他认为健康是美德，说疾病以"危象"结束。虽然他使用了"热质"这个最新的科学词来描述星球间的液体，却让这个词看起来像是火的动物活力法则，那是卡拉和其他催眠派从燃素说鼻祖斯塔尔那儿借用过来的。杜邦提出了一套物理和道德力量互动的科学理论。他的论文是写给拉瓦锡看的，写论文的时候，他正待在一个天文观测站里，在天文学家拉朗德的保护下躲避"恐怖统治"。

问题不是说杜邦私下里是个催眠派，而是说他在躲藏，随时都可能被人从天文观测站里揪出来送上断头台，所以他是把《宇宙哲学》当作最后的信条、当作留给子女亲朋的遗言来写的。他想，书中应该包括那个世纪的科学进展，不应该批驳伏尔泰对迷信的胜利；但是，除了旧制度下冰冷的科学和理性主义之外，书中还应该为其他东西留点空间。书中必须对流血和"恐怖统治"做出解释，它们不停地打断全书的叙述，暗示上帝要么邪恶要么无能。"恐怖统治"已经穿透了杜邦所藏身的科学圣殿，让他直接面对 18 世纪哲学家的最大问题：对神义论（theodicy）的需求。处在完全相同位置的孔多塞也必须应对这一需求。他假定"进步"是存在的，而且这一力量会在将来某个时候战胜迷信。杜邦也召来了两种力量，一是"奥洛莫希斯"（Oromasis），即善精灵；一是"阿里梅"（Arimane），即低级的死亡精灵。但他承认他是在写一首诗歌，而且那些精灵和次精灵是看不见的神怪，也许会把人从断头台的铡刀下抢回来，也许不会。以前相信理性勇往直前，现在这种信仰已经不能维系他了。他退回到通灵论，所以觉得自己能够藐视罗伯斯庇尔和丹东。"我的朋友们，这就是我在死前要向你们揭示的信条……这就是我的宗教……现在我将允许暴君送出我的'单子'（monad），让它匍匐在'永恒'（ETERNEL）的脚下。别了，爱我吧，1793 年 6 月 10 日。"①

杜邦在大革命中幸存了下来，但他退回到通灵论标志着启蒙主义的死亡。"恐怖统治"之后，催眠派可能是德博纳维尔那样的革命者，也可能是年长的贝尔加斯那样的保守派，但无论如何，他们都不会将自己的庙宇建立在理性的基础之上。法布尔·多利韦（Fabre d'Olivet）的观点表明了保守的催眠派所选择的方向，也表明了他们在建造庙宇上的偏好。他试图用通灵论的常见材料——轮回转世、原始语言、与有等级体系的精灵交流——以及催眠术来构建一种新的宗教。他有无数次催眠术治愈经历，所以相信液体是人的意志与自然之间的媒介，并把它看作由所有个体构成的"全人"（universal man）的意志。"催眠液体就是'全人'本人，受他自己一种放射之物的影响而运动起来。"法布尔正是通过液体对意志的作用，而不是通过理性才能治愈病人、与鬼神交流，在最高级的梦游状态下还

---

① P. S. Dupont de Nemours, *Philosophie de l'univers*（Paris），p. 236. 杜邦用"单子"（Monad）这个词来表示灵魂，这表明对物质内在的动物活力法则给予了莱布尼茨式的关注，与之相对的是牛顿式的数学分析。关于 18 世纪科学中的这两大基本趋向，参见 Ernest Cassirer, *The Philosophy of the Enlightenment*, tr. F. C. A. Koelln and J. P. Pettegrove（Princeton，1955），first two chapters.

能获取关于上帝、科学和政治理论的知识。精灵的等级制度给法布尔提供了一个组织世人的范例。他将加强传统和权威，让公民分层分级处于各自的阶层。他敌视革命派平等的理想，赞同君主制政府——或者，更好的是由拿破仑建立一个神权国家，也许该让法布尔本人担任教宗。对帝国来说，这是个合适的理论，因为约瑟芬·德·博阿尔内（Joséphine de Beauharnais）咨询了大革命中幸存下来的一些催眠派算命先生；拿破仑也咨询过他们，如果贝尔加斯和德普雷梅尼那位催眠派朋友阿隆维尔伯爵（Comte d'Allonville）的记录值得信赖的话。"更加离奇的是，波拿巴将军在即将动身开始在意大利的第一场战役时，希望让梦游派的玛莉-沙托雷诺（Mally-Châteaurenaud，可能是曾担任和谐社成员的同一个沙托雷诺）来预测他在军队中的命运……波拿巴相信卡斯蒂廖内战役（the Battle of Castiglione）实现了这位梦游派的预测，于是在动身前往埃及之前又费尽心思把他找了出来。"①

———————————

① *Mémoires secrets de 1770 à 1820 par M. le Comte d'Allonville, auteur des Mémoires tirés des papiers d'un homme d'état* (Paris, 1838 - 1845), VI, pp. 12 - 13. 法布尔的话引自 Léon Cellier, *Fabre d'Olivet: contribution à l'étude des aspects religieux du romantisme* (Paris, 1953), p. 321. 其中提到了约瑟夫与催眠术的关联，上文对法布尔观点的叙述源自该书。拿破仑后来认为梅斯梅尔、拉瓦特尔和加尔（F. G. Gall）是江湖庸医。当然，关于拿破仑的回忆都不可信。连集拿破仑传奇之大成的《磁力学刊》也明智地没有把他说成催眠派。*Journal of the Private Life and Conversations of the Emperor Napoleon at Saint Helena by the Count de Las Cases* (London, 1825), III, pp. 66 - 68; *Journal du magnétisme* (Paris, 1847), pp. 239 - 253.

　　法布尔神秘的神权政治保守主义与约瑟夫·德·迈斯特（Joseph de Maistre）的主张颇为相似。迈斯特在圣彼得堡的时候，常常花整晚的时间学习圣马丁、斯维登堡、维莱莫以及其他几位催眠派的观点。他发现催眠术理论早已在斯维登堡的作品中论述过。实际上他将催眠术一直追溯到梭伦（Solon）那儿，但他的研究似乎没能让他投身于催眠术运动。催眠术对另外一个政治体系的影响更大，这个体系来自俄罗斯，后来被人当作保守势力——神圣同盟（Holy Alliance）。该同盟所理想的是上帝统治之下基督徒的博爱大同。"生命之道"（la parole de vie）在一定程度上受到了克吕德纳男爵夫人（Baronne de Krüdener）的启发，她是个信奉催眠术、马丁主义和面相学的神秘主义者。她揭示了摧毁反基督（Anti-christ）拿破仑这项使命的宗教特征，从而赢得了沙皇亚历山大一世的信任。1815 年克吕德纳夫人随俄国军队来到巴黎时，她周围聚集了贝尔加斯和皮塞居尔两位催眠术的元老，还有那位催眠术女皇波旁女公爵。那时候，落魄的贝尔加斯住在巴黎郊区的农舍里，家徒四壁，但沙皇毫不犹豫地在克吕德纳夫人的陪同下前去拜访，就在欧洲建立普遍和谐的新世纪一事多次征询他的意见。有一则史料表明，贝尔加斯写过一份神圣同盟盟约的草稿。他肯定对之产生过影响，之后几年内还与沙皇通信，试图保持他的影响力。①

----

　　① 关于迈斯特和梅斯梅尔，参见 Emile Dermenghem, *Joseph de Maistre mystique*（Paris，1946），p. 47. 关于贝尔加斯与亚历山大及克吕德纳夫人的关系，参

克吕德纳夫人来到巴黎，恰逢催眠术和其他通灵时尚复兴。这一复兴过程断断续续，历经了七月王朝和第二帝国。在王政复辟的前几年，她自己的降神会吸引了最时尚的巴黎人，但后来追随者逐渐减少，因为她预测的天启没有按时来临，而且与亚历山大一世分道扬镳后，她的预言越来越像是在重复她的朋友本亚明·康斯坦特（Benjamin Constant）的自由派观点。上流社会又找到了一位更有吸引力的预言家，她就是美丽的印度梦游师阿林娜·德尔德（Alina d'Elder）。人们趋之若鹜，纷纷涌向科赖夫医生（Dr. Koreff）、勒诺尔芒小姐（Mlle Lenormand）和能让水尝起来像香槟的法利亚神父（the Abbé Faria）的催眠术聚会，后来又惠顾亨利·德拉热（Henri Delaage）神秘、共济会式的催眠术。工人阶级在需要的时候则去求助那些籍籍无名的催眠术算命师。巴尔扎克发现，七月王朝期间，在巴黎一些脏乱贫穷的地区，这种算命先生随处可见。到1850年代催眠术达到顶峰时，已经出现了召唤鬼神、引发抽搐的新技术。被施以催眠术的磁棒和磁链仍在使用，但木桶基本上已经被抛弃了；镜子得到了改善，能显示出精灵，而不仅仅是增强磁液的运动；精灵通过震动的桌子和木炭画传递信息；

见 Louis Bergasse，*Un défenseur des principes traditionnels sous la Révolution*，*Nicolas Bergasse*（Paris，1910），pp. 257 – 263. 关于克吕德纳夫人的文献，倾向于弱化她对神圣同盟的影响，相关文献的总结可参见 E. J. Knapton，"An unpublished letter of Mme. De Krüdener，" *Journal of Modern History*，IX（1937），pp. 483 – 492.

过时的催眠按摩师已经将运动的领导权交给了梦游师。现代的催眠师，比如阿方斯·卡阿涅（Alphonse Cahagnet）用所有的时间来与鬼魂交流。他们将诗歌片段、对家人的问候及关于天堂的描述传递给某个媒介，或者常常是传递给一张桌子，桌子则震颤着传递出他们的信息，像某种莫尔斯电码。

在新技术发展之时，催眠术的衣钵也从贝尔加斯和皮塞居尔那里传给了德勒兹（J. P. F. Deleuze），然后又传到了杜·波泰男爵（Baron Du Potet）。普遍和谐社于 1789 年与大部分省的分会一起崩溃，1815 年在皮塞居尔的领导下得以重建，更名为催眠术协会（Société du Magnétisme），1842 年进行了重组。1850 年代杜·波泰掌管运动时，信徒在巴黎皇宫"普罗旺斯兄弟"（Frères Provençaux）餐厅楼上的房间里每周聚会两次。他们的聚会没能再现昔日夸尼旅馆聚会时的辉煌，但参加者也很多，收费更便宜（入会费 15 苏币）；而且新的组织遵循当时更加商业化的时代精神，有固定的办公时间，努力节省开支，还印行一份月刊《磁力学刊》（*Journal du magnétisme*，20 卷，1845 ~ 1861）。催眠术的复兴也唤醒了它的天敌：正统的医生和科学家。他们再一次用嘲讽和学术委员会等屡试不爽的武器进行攻击。1816 年，杂艺剧院（Théâtre des Variétés）成功上演了一部针对催眠术的讽刺剧《磁狂》（*La Magnétisomanie*）；1825 年，医学院（Academy of Medicine）开展了一系列的调查和辩论，导致了新一轮手册辩论的浪潮。1831 年，院士们听取了一个调查委员会承认催眠有一定治疗价值的报告，似乎要结束与催眠派长达半个世纪的战争。但是，1837 年学院又返回了战场。在另一个委员会发布了一份敌视催眠术的报告之后，学院聪明地悬赏 5000 法郎，任何能不用眼睛阅读的催眠师均可领取。1840 年，在所有参赛者都失败之后，学院便将催眠术打入冷宫，与用尺规画圆为方之类的无效问题为伍，拒绝再与它打交道。然而在其他地方，催眠术运气较好。到 19 世纪中期，液体学（fluidism）和梦游学中一些相对温和的观点在整个欧洲都被严肃地研究。在1815 年去世前不久，梅斯梅尔本人还祝贺过柏林大学开设一门催眠术课程。詹姆斯·布雷德（James Braid）已经在英国开始研究诱导催眠，而法国的催眠学家在沙尔科（J. M. Charcot）的领导下研究催眠，将对弗洛伊德心理学的发展产生重要影响。①

催眠术仍旧启发着政治理论家——不仅仅是沿袭法布尔·多利韦思想路线的那些神秘的保守主义者，也有自由派和乌托

① 关于 19 世纪的催眠术，当时最有趣的叙述是 Alexandre Erdan, *La France mistique* [*sic*]: *tableau des excentricités religieuses de ce tems* (Paris, 1855), I, pp. 40 – 177.《磁力学刊》是非常好的资料来源，但使用不便，夏尔·比尔丹（Charles Burdin）与迪布瓦（E. F. Dubois）的 *Histoire académique du magnétisme animal...* (Paris, 1841) 记录了催眠派和学院院士的论战，资料翔实但有失偏颇。巴尔扎克关于催眠术的报道见于 *Le Cousin Pons*, chapter 13. 关于催眠术、基督科学和弗洛伊德心理学之间的关联，参见 Stefan Zweig, *Mental Healers*: *Franz Anton Mesmer*, *Mary Baker Eddy*, *Sigmund Freud*, tr. Eden and Cedar Paul (New York, 1932); Frank Podmore, *From Mesmer to Christian Science*: *A Short History of Mental Healing* (New York, 1963).

邦社会主义者，他们延续的是雷蒂夫－博纳维尔传统。革命后里昂的主要神秘主义者皮埃尔·巴朗什（Pierre Ballanche）就涉猎过大部分光照派的信条，包括催眠术，而且认同法布尔和约瑟夫·德·迈斯特保守的神权政治观点；但他也为最重要的反资本主义神秘主义者——夏尔·傅立叶（Charles Fourier）开了个头。傅立叶正是在巴朗什的《里昂公报》（*Bulletin de Lyon*）中宣布他发现了"普遍和谐"，那是他哲学的指导原则。就像贝尔加斯一样，傅立叶也认为天启末世即将来临，其后便是由"普遍和谐"统领的未来乌托邦世界。"有必要将一切政治、道德和经济理论都扔进火堆里，为最令人震惊的大事件做准备……从社会混乱到普遍和谐的突变。"同贝尔加斯一样，傅立叶也将其体系建立在自然物理法则与道德法则的比照之上。同样，他自称为政治学上的牛顿："我很快意识到，激情'重力'法则在一切层面上都符合牛顿和莱布尼茨已经解释过的物质'重力'法则，物质世界和精神世界有一个共同的运动系统。"尽管与傅立叶四种运动的理论有很多相似之处，贝尔加斯的《动物磁力学思考》很可能会和其他书一起被傅立叶扔进炉子里，因为傅立叶想象着烧掉所有的书，只留下他自己的。他不承认借鉴过任何作者。他独自发现了社会的自然法则和重力一般的激情引力，必须让这些发挥作用，不能予以压制，以便将人组织成一个大同的兄弟会。但是，傅立叶自称的独创之见恰恰是他对催眠术的继承之处。催眠术的影响在他的很多作品中非常明显，连细节中也能看出来，例如他对

用巫术寻水的辩护，他关于光和热的液体理论，以及他强调的
催眠术三位一体中的三个原则——上帝、物质和运动。傅立叶
认为原始、自然的社会优于"文明"，也让人想到贝尔加斯、
热伯兰伯爵及卢梭；他为自己"小店的中士"（sergent de
boutique）这个低微的职位感到自豪，也体现了催眠派对学院
院士的谴责。"如果发现者是无名之辈、乡村小子或者科学上
的贱民，一个像普里昂（Prion）那样的闯入者，不是院士的
错就是他的错，他一定会把这个小集团种种令人憎恶的东西从
头顶上全部拉塌下来。"傅立叶甚至谴责医学部迫害催眠术。
他解释说，催眠派误用、误解了他们的科学，以此最终将催眠
术纳入他自己的体系。与另一个世界的联系，的确只能用梦游
者"超人类的官能"才能解释；梦游证明了灵魂的不朽；如
果它在"文明"之中已被滥用的话，那么它"在和谐状态下，
将会非常流行、极其有用"。①

　　傅立叶吸收了包括催眠术在内的很多外部元素（还包括

---

① Charles Fourier, "Théorie des quatre mouvements et des destinées générales：
prospectus et annonce de la découverte," in *Oeuvres complètes de Ch. Fourier*
（Paris, 1841 – 1848）, I, pp. XXXVI, 12, 102, 23；Fourier, "Théorie de
l'unité universelle," in *Oeuvres complètes*, Ⅲ, p. 337；Fourier, "Le Nouveau
monde industriel et sociétaire," in *Oeuvres complètes*, VI, pp. 454 – 457. 傅立
叶否认自己对催眠术有什么"实际的了解"（notion pratique）。他说他曾读
过德勒兹的一部作品，这就足以让他相信，催眠派并不理解他们的液体，
而且 7/8 的人类不能经历梦游。Fourier, "Des cinq passions sensuelles," *La
Phalange：Revue de la science sociale*（Paris, 1846）, IV, pp. 123 – 129. 我感谢
乔纳森·比彻（Jonathan Beecher），他带领我走过了傅立叶主义这个奇境，
现在他正在为这个奇境绘制一幅定义性的地图。

灵魂转生和星球交媾），但其视野从根本上讲还是他自己的，
而他的追随者和 19 世纪中期的激进催眠派却几乎无法分别了。
朱斯特·穆龙（Just Muiron）通过催眠术抵达傅立叶主义，约
瑟夫·奥利维耶（Joseph Olivier）和维克托·埃内坎（Victor
Hennequin）把梅斯梅尔的宇宙观纳入了傅立叶宽阔的"无限
宇宙"（infinivers）。傅立叶自己曾拒绝临死前被施行催眠术，
但他死后能和他的门徒们用催眠术的方式进行交流。根据亚历
山大·埃尔丹（Alexandre Erdan）发表的记录，在 1853 年一
次傅立叶派的"转桌"（turning-table）会上，说话的神灵表现
了对催眠术的熟练掌握。

> 维纳坎先生（M. VINAQUIN）——当然。问桌子吧，
> 也就是问桌子里面的神灵。它会告诉你，我头顶上方有一
> 个巨大的液柱，从我头顶升起，一直抵达群星。这是个芳
> 香馥郁的柱子，土星上神灵的声音通过它传到我的耳
> 朵……那张桌子啊（它的脚使劲跺着地面）——对啦，
> 对啦，对啦。芳香馥郁的柱子，导管，芳香馥郁的柱子，
> 导管，导管，导管，导管，对啦。①

这种催眠傅立叶主义对催眠派来说完全合理，他们欢迎傅
立叶的门徒紧紧跟随，发表了傅立叶作品的长篇摘要，还惊叹

---

① *Journal du magnétisme*, VI（1848），p. 375.

于傅立叶仅靠从德勒兹作品中获得的关于催眠术的外行知识，竟然能够"凭直觉悟出催眠术的大部分秘密"。①

催眠派同样欢迎圣西门派加盟。同傅立叶一样，圣西门（Saint-Simon）自称是一门新社会科学中的牛顿，他把宇宙的物理法则与社会的道德法则对应起来。他自己倒是将幻想限制在地面上，但他的追随者振翅飞上了神秘主义的空中领域，在那儿他们常常与傅立叶主义者相逢。圣西门最亲密的早期同事雷登伯爵（Comte J. S. E. de Redern）摆出的是催眠术教授的架势，与他分道扬镳之后写过一篇洋洋洒洒的催眠术论文；更加忠诚的追随者皮埃尔·勒鲁（Pierre Leroux）把他们的事业当成了催眠术、马丁主义和烧炭主义（carbonism）的混杂，博纳维尔如果知道会很高兴的。罗伯特·欧文（Robert Owen）完成了激进乌托邦催眠派的层级体系。1853 年，安娜·布莱克韦尔（Anna Blackwell）在一封信中对《磁力学刊》的读者宣布道："著名的社会主义者欧文先生……此前一直是最严格意义上的唯物主义者，因为与去世多年的家人进行了谈话，现已完全转变信仰，相信灵魂的永生。"在该刊发表的另一封信中，欧文透露，他还与本杰明·富兰克林和托马斯·杰弗逊交流过。他们在另一个世界的经历显然已经削弱了他们反催眠术

---

① Alexandre Erdan, *La France mistique* [*sic*], I, pp. 75 – 76. 傅立叶临死场景的记录，参见 Charles Pellarin, *The Life of Charles Fourier*, tr. F. . G. Shaw, 2 ed. (New York, 1848), p. 225. 催眠派关于傅立叶主义的态度声明，见 *Journal du magnétisme*, VI, pp. 337 – 350, 368 – 375.

的信仰，而且与两位鬼魂的谈话内容也不限于宗教事务。在第17次或第18次降神会上，他们强调："这时候经常显灵，目的是要改变我们星球上的人，让我们所有人都相信来生的真实存在，让我们所有人都真正地积德行善。"

催眠术的这种乌托邦特点，可以上溯到贝尔加斯"自然社会"的概念、热伯兰的原始社会，以及卡拉以理想的沙漠岛屿社群为原型的历史第三阶段，甚至连布里索都曾计划在法国、瑞士和美国建立乌托邦殖民地。这样看来，1846年发现梅斯梅尔本人曾是个乌托邦激进分子，该是多么合理啊！1846～1848年，《磁力学刊》分期发表了一份手稿《指引法国公众的道德、教育与法律基本概念》（*Notions élémentaires sur la morale, l'éducation et la législation pour servir à l'instruction publique en France*），并宣称手稿是梅斯梅尔在大革命时期写的，然后提交给了国民公会。该文所提倡的原则，称得上是最严厉的雅各宾派主张：主权只属于人民；法律是普遍意愿的表达；税收应当用来创造最大限度的平等；至尊神的节日应当促进公民的"社会品德"。这些品德与普遍和谐社所提倡的美德大抵相仿；它们将会统领理想社会的"普遍和谐"，梅斯梅尔的理想社会所依据的材料似乎是直接从贝尔加斯的理论中来的。该文唯一原创之处，就是分析了民众精神，也许还有普遍意愿在民众节日中将会如何发挥作用，民众节日将会是精细复杂的事情，可用来传播法规、裁决法律争端、举办体育竞赛、庆祝民众宗教。梅斯梅尔解释道："组成影响系统的那些原则，或者说动物磁力学的那些原则最终将会证明，人的身体与道德和谐经常在重大集会中凝聚，是非常重要的……集会上，在一起唱歌、祈祷的时候，所有动机和意愿都应该引向同一个目标，尤其要引向自然的秩序；而且在这种情形下，某些人体内已经开始紊乱的和谐可以重新建立起来，身体也可以更加健康。""自由和健康"（liberté et santé）这两条法则，将会激活梅斯梅尔为公会描述的那个理想共和国。每位公民先后经历婴儿、学童、祖国保卫者、父亲和公民、公众服务者、监督者、长者等身份，依次递进从而为社会服务。梅斯梅尔仔细描述了他们的社会功能、年龄限制，甚至还有标志着每个阶段特点的服装。精心计划，加上关于人和宇宙的合适理论，就可以把法国变成一个民主国家，会永远存在下去，永远追求自由和平等。这是个高贵的计划，该刊评论道，还说这个计划离傅立叶主义很近，就像傅立叶走近了催眠术一样。

实际上，随着作为革命者的新梅斯梅尔于 1846 年出现，催眠术又恢复了往日的气象。1780 年代的那些主题又回来了，恰好赶上另一种革命情形下的又一波革命宣传。在《磁力学刊》上发表的反对学院和政治双重"专制"的谴责文章中，贝尔加斯和布里索的激情似乎又重新燃烧起来："我们的饱学之士不理会催眠术，就像其他人不理会自由一样……（但是）科学不愿意打破的专制锁链上的链环都已经成了碎片。"经过60 年的斗争，催眠术中的激进特征在 1789 年的精神中仍旧活着，在 1848 年公开的催眠术宣言中最后一次得到表达。"高兴吧，催眠派信徒！一个伟大、美妙的新日子到来了……噢，梅斯梅尔！你热爱共和国……你预见了这一时刻，可是……那时却没人理解你。"①

　　梅斯梅尔 1780 年代在法国人身上种下的符咒，影响了 19 世纪前半期的文人和政治科学家。可以将梅斯梅尔看作第一个跨过莱茵河的德国浪漫派；他肯定为对法国浪漫派最重要的两位德国代理人——斯塔尔夫人（Madame de Staël）和科赖夫医生开辟了道路。斯塔尔男爵是拉瓦特尔和圣马丁（Saint Martin）的朋友，信奉斯维登堡主义，曾随动物磁力学的创建者一起施行催眠术。他对妻子的影响，可能与他们的婚姻一样

---

　　① 雷登的催眠术，参见 Henri Gouhier, *La Jeunesse d'Auguste Comte et la formation du positivisme*（Paris, 1936），Ⅱ，pp. 128 - 132. The letters from Anna Blackwell and Robert Owen, April 2 and May 20, 1853, *Journal du magnétisme*, XII（1853），pp. 199, 297. 另参见 Frank Podmore, *Robert Owen: A Biography*（London, 1906），Ⅱ，pp. 600 - 614. 梅斯梅尔的《基本概念》见于 *Journal du magnétisme*, Ⅲ - Ⅶ（1846 - 1848）. 引文出自 *Journal du magnétisme*, Ⅲ（1846），pp. 251, 94, 38 - 39, 98；Ⅴ（1847），pp. 99, 97. 梅斯梅尔在大革命前没有表现出对政治的兴趣，他的 *Mémoire de F. -A. Mesmer sur ses découvertes*（Paris, 1799）更值得注意，不是因为其中任何政治观点，而是因为他在其中并不完全可靠地宣称他发现了梦游。据说，1793 年他把前往巴黎的时间算得非常准确，刚好在巴伊被车子推上断头台的时候向这位宿敌致敬，但这个故事没有事实依据。梅斯梅尔要求五人执政团（the Directory）予以关照，但并没有用共和语言来粉饰他的要求。参见他的书信，重印于 *Journal du magnétisme*, Ⅰ（1845），pp. 48 - 51；Ⅴ（1847），p. 265；Ⅷ（1849），pp. 653 - 656. 所以有可能他后来转信了共和主义，《磁力学刊》称其发表的是梅斯梅尔真正的、未加编辑的手稿，没有理由怀疑该刊这一说法。无论如何，梅斯梅尔是在 1846～1848 年首次作为革命者公开出场的。

脆弱，但其他催眠派——最著名的是波旁女公爵和克吕德纳男爵夫人，其他的自不必说了——很可能促使了她浪漫主义的形成。尽管斯塔尔夫人像夏多布里昂（Chateaubriand）和本亚明·康斯坦特一样，能够与催眠派朝夕相处却不被他们转化，她对他们观点的尊重可能发挥了作用，使她在《论德国》（De l'Allemagne）中对德国神秘主义颇为肯定。德国催眠术医生科赖夫也帮助了斯塔尔夫人抛开年轻时候的启蒙哲学。造访她位于科佩（Coppet）的隐居之处时，他显然给她生病的神秘学导师施莱格尔（A. G. de Schlegel）施过催眠术，获得了她的好感，还赢得了斯塔尔夫人的回报，在《论德国》中赞扬了他。科赖夫的作用相当于某种催眠术文学代理人。他认识法德两国最重要的浪漫派作家，还给他们当中很多人施行过催眠术。他治愈过哈登堡亲王（Prince Hardenberg），因而获得了柏林大学生理学主任之职，成了国家顾问、新波恩大学的组织者，是普鲁士政治和学术中最有权力的人之一。失去哈登堡这个靠山之后，科赖夫隐退到巴黎。他的机智，他深邃的目光，他令人难忘的德国口音，还有他对催眠术运动的领导，使他成为王政复辟和七月王朝时期各个沙龙的座上宾。科赖夫的朋友和催眠术同事霍夫曼（Hoffmann）所写的故事在法国受人追捧、成为时尚，科赖夫有首倡和引导之功；他把海涅介绍给了巴黎文学圈；他为诺迪埃、雨果、巴尔扎克、司汤达、德拉克鲁瓦（Delacroix）和夏多布里昂等人提供了怪诞想象的材料；他甚至还当过——虽然不成功——玛丽·迪普莱西（Marie Duplessis）

的医生，她就是那位茶花女。①

科赖夫被巴黎各沙龙待为座上宾，只能粗略地说明催眠术的影响。因为他虽然见过所有人，却没让他遇到的所有人改变信仰。他治疗了他的好朋友本亚明·康斯坦特，但没能把他争取过来；他争取过来的那些人也不一定在他们的作品中表达自己的信仰。法国的浪漫作品中充斥着电击、神秘力量和鬼魂，但很难判断其中有多少受到了催眠术的激发。举个例子，以下诗行摘自拉马丁（Lamartine）的《和谐》（harmonie），它仅仅只是个比喻吗？

> 和谐的以太，涌着绿色的波浪，
> 以纯洁的液体包裹着群山。②

《磁力学刊》的催眠派把诗人当作自己人，这一事实表明，催眠术可能帮助诗人达到了对无限的直觉感受。很多其他

---

① 参见 Viatte, *Les source occultes du romantisme*, Ⅱ, chapter 3; Marietta Martin, *Un, aventurier intellectuel sous la Restauratioin et la Monarchie de Juillet: le docteur Koreff, 1783－1851* (Paris, 1925). 斯塔尔男爵施行催眠术，参见 *Testament politique de M. Mesmer...* (Paris, 1785), p. 20.

② Alphonse de Lamartine, "L'Infini dans les cieux," in *Harmonies poetiques et religieuses*, Classiques Garnier ed. (Paris, 1925), p. 76. 关于拉马丁的文章，见于 *Journal du magnétisme*, VI (1848), pp. 217－224; Alexandre Dumas, *Mémoires d'un médecin: Joseph Balsamo*, Calmann Lévy ed. (Paris, 1888), Ⅲ, p. 113; Théophile Gautier, "Jettatura", in *Romans et contes*, Charpentier ed. (Paris, 1923), p. 133; *l'Antimagnétisme...* (London, 1784), pp. 140－141.

作家也得到了该刊的类似待遇。例如，亚历山大·仲马（Alexandre Dumas）就是催眠术宣传的极佳材料。他甚至还根据自己的梦游实验亲自写过一些宣传材料，在小说里也大量使用催眠术疗法，比如《约瑟夫·巴尔萨莫》（*Joseph Balsamo*）。该书中的巴尔萨莫类似于一个催眠派的浮士德，能从镜子、钢琴、棍棒甚至他的眼睛中透射出液体，在一次对故事情节至关重要的梦游治疗之后，他兴高采烈地说道："科学可不是美德那样的空话！梅斯梅尔已经击败了布鲁图。"催眠术为仲马以及很多其他浪漫派作家提供了他们需要的材料，提供了一个体系，囊括了泰奥菲勒·戈蒂埃（Théophile Gautier）所说的"怪诞离奇、神妙诡异、玄学秘教、不可解释"的一切。1780年代的催眠派相信，这个体系与启蒙的理性主义是和谐一致的，但它也表达了一种前浪漫主义（pre-romanticism）。根据1784年的一份手册，和谐社的一名成员曾宣布，处于统治地位的"伏尔泰和百科全书派垮台了；人最后会对一切产生厌倦，尤其是冰冷的推理；我们必须有一些更活跃、更甜美的快乐之事，享受一些神圣的、不可理解的、超自然的快乐"。①

---

① 仲马记录过他施行催眠术的情况，发表于 Célestin Gragnon，*Du traitement et de la guérison de quelques maladies chroniques au moyen du somnambulisme magnétique...*（Bordeaux，1859）。他在一封信中解释了催眠术给《约瑟夫·巴尔萨莫》带来的灵感，该信发表于 *Journal du magnétisme*，V（1847），pp. 146 – 154. 该刊后来反对小说第二部分对梅斯梅尔的描写，但对仲马《于尔班·格朗迪耶》（*Urbain Grandier*）中的催眠术描写大加赞赏。*Journal du magnétisme*，VIII，pp. 152 – 153；IX（1850），pp. 228，233. 在法国以及英国、美国、德国文学中做一次全面的催眠术旅行，可能会拓

由于其词语生僻，外行读者可能会忽略法国文学中的催眠术。如果发现戈蒂埃这样的作家让人物互相接触以建立"联系"（en rapport），或者克服相互"气场"（atmosphère）中的一个"障碍"（obstacle），读者就应该注意了。如果戈蒂埃随意在故事中插入一个玻璃碗琴（harmonica），让某个人物透过女主人公的皮肤看到灵魂的"光"（rayons）——那是臣服于意志"重力"（attraction）之下的一个"细小的、颤抖着、发着光的"（petite lueur tremblotante）臣民——就可以假定他在谈论催眠术。如果戈蒂埃让人物从眼睛里发射出液体施行催眠术，或者运用催眠术的棒子甚至木桶以诱发梦游，我们的假定就变成确信了。他在作品中似乎不仅仅把催眠术当作霍夫曼式的鬼魂、英国花花公子或其他文学道具，他把梅斯梅尔的液体描述得好像那是激情的媒介、生命的精髓。在《邪恶之眼》（*Jettatura*）中，在保罗（Paul）邪恶眼睛的磁力冲击下，阿丽西亚（Alicia）的生命流出了她的身体，就像《化身神》（*Avatar*）中生命逃离奥克塔夫（Octave）的身体一样。"无知的文明"（civilisation ignorante）的"科学唯物主义"（science matérialiste）不能察觉他们致命的虚空，因为不能发现他们的

宽我们对很多作家的理解，比较明显的有坡（Poe）、霍桑、桑（Sand）、霍夫曼、克莱斯特（Kleist）和诺瓦利斯（Novalis），甚至还有哲学家，如费希特、谢林（Schelling）和叔本华。也可以看看现在已被人遗忘的当年的畅销书，如苏利耶（Frédéric Soulie）的《磁疗师》（*Le Magnétiseur*, Paris, 1834），从而了解普通大众的阅读品味。

灵魂；戈蒂埃体现了贝尔加斯那样的对正统医学的嘲讽，于是就招来神秘学科学家为他们治疗。手指头做出角的形状，以及其他方法可以当作避雷针，对付邪恶之眼的"恶液"（fluide malfaisant），但这些都是只代表了原始科学的遗留，普通人的迷信中都有，所以不能拯救阿丽西亚。不过，奥克塔夫却被一名发现了原始科学本身的医生拯救了，这种原始科学原来是催眠术的印度教版本。如果看到这个，热伯兰伯爵肯定会高兴的，那位呼吁"一位新帕拉塞尔苏斯"来创建灵魂科学的百科全书派人士也会很高兴。①

　　在关于巴尔扎克的文章中，戈蒂埃透露，他在小说中对催眠术及其他形式的浪漫科学的描述是要人们严肃对待的。这篇文章表明，他和巴尔扎克对催眠术有共同的信仰，因而友谊坚固。他们甚至计划在一位梦游师的指引下去寻找宝藏，还在埃米尔·德·吉拉尔丹夫人（Mme. Emile de Girardin）——他们在文学和神秘科学上的同伴——的指导下进行梦游实验。在催眠术的启发下，戈蒂埃把巴尔扎克描述成一位有强烈现实感的"预见者"（voyant），双脚落在地上的"梦游师"（somnambule），一位"化身神"（avatar），颅内有巨大的记忆块，眼睛能通过

---

① Gautier, "Avatar", in *Romans et contes*, pp. 52, 37 – 39; *Jettatura*, pp. 211, 221, 129, 190. 催眠术为戈蒂埃提供了一种科学方法处理其他形式的幻象，尤其是鸦片幻觉，参见 Gautier, "La pipe d'opium," in *Romans et contes*. 关于他的神秘主义和催眠术信仰，参见 H. van der Tuin, *l'Evolution psychologique, esthétique et littéraire de Théophile Gautier: étude de caractérologie "littéraire"* (Paris and Amsterdam, 1933), pp. 203 – 220.

发射催眠术液看穿人的身体。催眠术还决定了巴尔扎克传授给戈蒂埃的成功秘方："他（巴尔扎克）想成为一个伟人，他做到了，方法是永不停息地投射出那种液体，那比电还要强大，他在《路易·朗贝尔》（*Louis Lambert*）中对它做过细致的分析。"①

戈蒂埃说的是朗贝尔"意志理论"（Théorie de la Volonté）的片段，其中恰当地提到了"梅斯梅尔的发现，如此重要而且仍旧如此被人忽略"，并解释说人可以与精神世界直接交流，也可以通过调动意志力来控制尘世的生活。也就是说，通过引导液体，让其从内部感知或"内视"（inner vision）穿过一切阻碍，穿过空间和时间。巴尔扎克的朗贝尔接替了牛顿。他发现了物质与精神相逢的那个秘密领域。他从前一个世界穿行到后一个世界，在那儿他一直处于一种与印度教相仿的"极乐"（ecstasy）状态中，像《磁力学刊》很多期都描写过的"狂喜"（extase），也像巴贝兰派催眠术中的昏厥。所有催眠主义者都强调意志的重要。例如，亨利·德拉热是巴尔扎克时代一位典型的催眠主义者，他阐述的观点与巴尔扎克和朗贝尔的观点几乎无法区分。"存在着一种非常微妙的磁液，连接着人的灵魂和身体；他在人体内没有什么特别的停留之处，只是在所有神经中循环，

---

① Théophile Gautier, "Honoré de Balzac," in *Portraits contemporains：littérateurs—peintres—sculpteurs—artistes dramatiques*, Charpentier ed. （Paris, 1874）, pp. 48, 63, 58, 88, 71.

它根据意志的命令扩张或放松神经；它的颜色像电火花……眼睛的一瞥，生命精神的那些光线是神秘的链条，跨越空间将灵魂连接起来，能够交互感应。"德拉热说："奥诺雷·德·巴尔扎克有一天告诉我，那意志就是难以捉摸的液体的驱动力，而（身体的）四肢就是它的传导中介。"为了让这个观点更加明晰，德拉热对经典催眠术的阐述和《于许勒·弥鲁蔼》（*Ursule Mirouet*）中的大段摘录一起发表。在这部小说中，巴尔扎克详述了"梅斯梅尔的信条，他发现了人身上一种深刻的影响力……由意志驱动，液体的丰足可使其具备治疗功能……"巴尔扎克没有将催眠术局限于他小说中的理论阐释部分。他把催眠术植入了人物，他们的激情随着"生命液体"（vital fluid）的波浪而颤动。在《百岁老人》（*Le Centenaire ou les deux Béringheld*）中，这种"生命液体"被描写成生命的精髓。拉斐尔（Raphaël）意识到这种力量也是爱的精髓，这要感谢《驴皮记》（*La Peau de chagrin*）中他自己的"意志论"（Théorie de la Volonté）。在《人间喜剧》（*La Comédie Humaine*）的导言中，巴尔扎克解释说，19 世纪初期这种力量在他的人生全景图中占据了非常重要的位置。"动物磁力学，我从 1820 年起就熟悉了它的各种奇迹；拉瓦特尔的继任者加尔的出色研究，还有，简而言之，以光学家研究光的方式来研究思想的所有人，这两件事情非常相似，所有这些证实了神秘主义者的观点，使徒圣约翰的观点也证明了建立神灵世界的那些伟大思想家的观点。"①

　　这段陈述说明，除了梅斯梅尔以外，其他几位哲学家也帮助巴尔扎克进入了超自然领域。巴尔扎克发现斯维登堡帮助特别大，所以写了塞拉菲达（Séraphîta）对一些通灵信条进行斯维登堡主义的阐述，包括灵魂转世、原始宗教、精灵的链条甚至还有动物化的星球，但塞拉菲达提供的斯维登堡主义在催眠主义者那儿是很常见的。该书第一章可以看成梦游的叙述；第三章则表明巴尔扎克相信，在动物磁力学的发现上，斯维登堡

① Honoré de Balzac, *Louis Lambert*, Marcel Bouteron and Jean Pommier ed. （Paris, 1954）, p. 95; *Instruction explicative et pratique des tables tournantes... par Ferdinand Silas, précédée d'une introduction sur l'action motrice du fluide magnétique par Henri Delaage, troisième édition, augmentée d'un chapitre sur le rôle du fluide magnétique dans le mécanisme de la volonté par H. de Balzac*（Paris, 1853）, pp. 6 – 12; Balzac, "Avant-Propos" to *La Comédie Humaine*, in *Oeuvres complétes*, Marcel Bouteron and Henri Longnon ed. （Paris, 1912）, p. XXXV. 尽管巴尔扎克公开宣布了他的催眠术信仰，关于他的大量文献却很少有讨论这一点的。比如 Albert Prioult, *Balzac avant la Comédie Humaine, 1818 – 1829*（Paris, 1936）; André Maurois, *Prométhée ou la vie de Balzac*（Paris, 1965）. 不过少量文献对他催眠术的讨论较为丰富，参见 Moïse Le Yaouanc, *Nosographie de l'humanité Balzacienne*（Paris, 1959）; F. Bonnet-Roy, *Balzac, les médecins, la médecine et la science*（Paris, 1944）; Henri Evans, *Louis Lambert et la philosophie de Balzac*（Paris, 1951）. 催眠主义者认为，他们的信条在巴尔扎克小说中无处不在，这也是意料之中的事。《磁力学刊》赞扬巴尔扎克"在所有知名作家中……研究催眠术最多的一位"（IV, p. 284）。该刊把他的意志理论看作标准的催眠术，刊发了《于许勒·弥鲁蔼》中关于催眠派人物布瓦尔（Bouvard）医生身世的那段叙述。该刊哀悼巴尔扎克之死，认为那是催眠术运动的重大损失，但得知他死后在梦游降神会上多次出现，该刊又振作了起来。*Journal du magnétisme*, Ⅱ, pp. 25 – 26; IV, pp. 284 – 287; X, pp. 59 – 60; XV, pp. 74, 170.

打败了梅斯梅尔。同样，巴尔扎克主要的催眠术小说《于尔班·格朗迪耶》描述的一位催眠派人物是"斯维登堡主义者"。这些重叠的指涉可以理解，因为斯维登堡和梅斯梅尔给巴尔扎克提供了相同的信息：科学家试图测算衡量事物的外部，因而眼中看不到理解内在生命这个更大的问题。巴尔扎克这个信息也可能是从狄德罗和莱布尼茨或者他崇拜的其他作家的作品中提炼出来的。卡巴尼斯（Cabanis）的《人的形体与道德的关联》（*Rapports du physique et du moral de l'homme*）从生理学角度对催眠术的"狂喜"做了解释。巴尔扎克可能读过，他对这种状态非常痴迷。他研究拉瓦特尔的面相学和加尔的颅相学。厄格尔（J. G. E. Oegger）的一本书里曾把面相学和颅相学与催眠术联系起来。斯维登堡、拉瓦特尔、加尔可能还有卡巴尼斯等人的观点，于是都糅杂在巴尔扎克对那"看不见的液体"的描写之中，"那是人类意志现象的基础，激情、习惯、脸部和头颅的形状都来源于此"。但催眠术是这个大杂烩中的基本配料，因为催眠术塑造了拉瓦特尔和圣马丁的观点；而且催眠术运动的演化进程与巴尔扎克本人观点的发展历程是一致的——都是从极端理性主义甚至唯物主义到通灵主义。因此，从根本上讲是催眠术让巴尔扎克作品中的人物能够看到对方的心里，看穿无法穿透的物体，解释用魔法寻水，神奇地穿越时空旅行，与鬼魂商谈。在《邦斯舅舅》（*Le Cousin Pons*）中，催眠术的介入救了邦斯的命，产生了西博夫人（Mme. Cibot）的阴谋；在《百岁老人》中，它先让马里亚尼娜（Marianine）和贝兰埃尔（Béringheld）分手，后又让他们重归于好；在《驴皮记》中，它用"科学之爱"的"电击"打过拉斐尔；在《斯泰尼》（*Sténie*）中，它承载着斯泰尼和德尔·里埃（Del Ryès）的爱；在《路易·朗贝尔》中，它将朗贝尔提升到精神"和谐"的状态。

陪伴巴尔扎克走完通向超自然界的最后旅程的，没有谁比在他葬礼上护灵柩、致悼词的维克多·雨果（Victor Hugo）更加合适，也更加信奉催眠术。催眠术已经让巴尔扎克为这段旅程做好了准备，因为催眠术坚定了他的宗教信仰，并通过《于许勒·弥鲁蔼》中米纳雷医生（Dr. Minoret）和19世纪前期大部分催眠派所走过的那条路线让他走出了18世纪。米纳雷医生是个旧式的启蒙思想家，大革命前曾迫害过催眠派，但一次梦游会推翻了他的"伏尔泰的旧时代"（vieillesse voltairienne），为接受"电一般的"恩典之光做好了准备。通过催眠术——"耶稣最喜欢的科学"，也通过古埃及、印度、希腊的哲学，米纳雷知道"存在着一个精神的宇宙"。于是医生变成了基督徒，抛弃了对洛克和孔狄亚克的信仰，开始阅读斯维登堡和圣马丁的作品。巴尔扎克不妨在书单上加上雨果的作品，因为雨果的作品标志着催眠术对通灵文学影响的最高点。催眠术的强流与投胎转世的灵魂、层级森严的看不见的神灵、原始宗教及其他通灵论元素一起，在雨果的诗歌中流动。在雨果《悲惨世界》（*Les Misérables*）的"哲学前言"（Préface philosophique）中，催眠术占有突出的地位，就像巴尔扎克《人间喜剧》的导言一样。雨果认为，催眠术表明"科学以奇异难信为借口，已经抛开了它的科学职责，也就是追问一切事情的本源"。催眠术带领雨果超越科学，获得了"普遍和谐"的视野。在这种状态下，日月星辰都在液体的海洋中静静旋转，雨果称之为"生命之液"，是此生和来生的精华；因为催眠术带领他进入了超自然界——他渴望进入的世界，不是为了满足形而上的好奇，而是为了重新与他已经去世的爱女莱奥波尔蒂娜（Léopoldine）获得联系。流亡在海峡群岛（Channel Islands）的时候，他悲不自胜，拼命寻找与莱奥波尔蒂娜交流的机会，吉拉尔丹夫人——巴尔扎克和戈蒂埃的梦游同事——给了他这个机会。他们降神会的记录表明，这位伤心欲绝的诗人与莎士比亚和但丁交流诗歌，从耶稣那儿获得了关于革命的建议；在一个悲伤的时刻，他问他已经去世的女儿，"你看到爱你的那些人的痛苦了吗？"她让他宽心，说一切很快就会结束。18世纪理性、科学的观点无法包容雨果的痛苦。他和杜邦一样，退回到诗歌和通灵世界以击退绝望感。18世纪中期，塞缪尔·约翰逊（Samuel Johnson）能够通过召唤"天智"（Celestial Wisdom）将自己救出绝望的泥沼。19世纪中期，雨果也转向了宗教，不是正统的天主教，那已经在文艺复兴中死去了：在科学或者应该说在"高科学"（haute science）的帮助下，雨果在茫茫九霄中搜寻。

　　　天文学家，浸在光中，

隔着数百万里格的距离衡量一个星球，

我自己在那辽阔纯洁的天空中寻找别的东西。

可那深色的蓝宝石真是迷蒙的深渊啊！

晚上无法分辨震颤着的天使的蓝色袍衫，

他们从那一片蔚蓝中滑过。①

　　自 1778 年梅斯梅尔向巴黎人宣布其存在以来，动物磁力学经历了几次轮回；等到它渗入《人间喜剧》和《悲惨世界》的时候，启蒙运动早已被它抛在身后，变成一片废墟了。

---

① Balzac, *Ursule Mirouet*, pp. 97 - 100, 75; Victor Hugo, "Préface Philosophique," in *Oeuvres romanesques complètes*, ed. Francis Bouvet (Paris, 1962); pp. 889, 879; *Chez Victor Hugo*: *Les tables tournantes de Jersey*: *procès-verbaux des séances présentés et commentés par Gustave Simon* (Paris, 1923), p. 34; Hugo, "pendant que le marin, qui calcule et qui doute" in book 4 of *Les Contemplations*, Joseph Vianey ed. (Paris, 1922), pp. 377 - 378. 雨果《沉思录》(*Les Contemplations*) 里很多其他诗歌表达了他的催眠术信仰，不如此诗美妙，但表达得更加明显。此诗原文为："Pendant que l'astronome, inondé de rayons, /Pèse un globe à travers des millions de lieues, /Moi, je cherche autre chose en ce ciel vaste et pur. /Mais que ce saphir sombre est un abîme obscur! /On ne peut distinguer, la niut, les robes bleues/Des anges frissonnants qui glissent dans l'azur." 对其神秘主义的总体研究，参见 Aususte Viatte, *Victor Hugo et les illuminés de son temps* (Montreal, 1942).

结　语

最早的催眠派坐在刚刚出现的催眠木桶周围，一边引用启蒙思想家的观点，一边相互庆祝他们为"理性"争取来的胜利，将维克多·雨果的诗歌提升到超自然界的那种催眠术，他们是绝对认不出来的。他们眼中瞥见的未来是不正确的，但他们相信科学会重塑世界。这一点没有全错，因为 1780 年代的催眠术所提供的很多材料，法国人在大革命后都用来重构他们的世界观；而这些观点，鬼魂也罢，交媾的星球也罢，对他们当中很多人来说就像最早的铁路一样重要。因此，在常常被标为"理性年代"（the Age of Reason）和"浪漫年代"（the Age of Romanticism）的时期，普通大众态度上的细微转变，其指导原则是由催眠术运动提供的。实际上，催眠术运动比那两个年代存在的时间还要长，直到今天还活在巴黎的格兰大道（grands boulevards）上，那儿偶尔还有一位催眠师操纵着他的液体，向观众索要一点报酬。但是，现代的催眠师已经是个境况凄惨、人数极少的群体，巴黎人从他们身旁匆匆而过，连好奇的眼神都没有。

好奇心和对"神奇之物"更加强烈的激情充溢于 1780 年巴黎人的胸中，激发了一些时尚，它们为研究当时读者大众的态度提供了很有价值的信息。他们的态度本身就是个值得研究的话题，对理解激进观点如何在大革命前的法国传播尤为重要。从在科学院里为拉瓦锡的实验而欢呼的精英分子，到花12里弗赫乘坐热气球在巴黎雅韦勒磨坊（Moulin de Javelle）上空旅行半小时的周日闲人，法国人充满热情地追逐着1787年前十年最大的时尚——科学。关于科学奇迹的报道充斥着1780年代的通俗文学，甚至也填满了马拉和罗伯斯庇尔的思想。那么，激进分子利用这一科学时尚作为他们交流思想的工具就是很自然的事情了，连热气球都可以用来传递激进信息。1784年1月19日，就在里昂的一只"蒙戈尔费那球"即将起飞时，一位名叫方丹（Fontaine）的普通平民跳了进去，据说他对此前曾拒绝给他位子的王子、伯爵、圣路易骑士及气球上其他权贵名人说："在地上我尊敬你们，但在这儿我们是平等的。"这是一件能让法国年轻人热血澎湃的事情！这是一份平等的宣言书，发表在一份著名的报纸上，将会在从未听说过卢梭《社会契约论》的耳朵中回响。①

催眠术比气球飞行更能引发1780年代的热情。同雅克－皮埃尔·布里索一样极端的激进分子撰写的催眠术宣传利用民众的这种热情，在激进观点从政治理论论文渗透到粗俗的阅读公众这一难以厘清的过程中扮演了重要角色。公众对神秘事

---

① *Journal de Bruxelles*, January 31, 1784, p. 223. 关于商业气球飞行，参见 *Courier de d'Europe*, November 16, 1784, p. 315.

件、谣传和激烈的催眠术论战兴致盎然，但对《社会契约论》一般不予理睬。卢梭这篇艰深的论文和他的其他作品不一样，对普通读者不涉政治的兴趣没有作用，而催眠术却具有1789年前重大事件的一切必备要素。尽管只有少数催眠术手册含有政治信息，在旧制度的支持者中也没引起什么抗议，但是催眠派对法国社会弊病的攻击力量十足：它们正中要害，因为是从流行而不涉政治的科学时尚的内部发起攻击的。攻击的力量很大，足以让警方警觉，只是因为巴黎高等法院开会支持催眠派，警方才没能予以还击。高等法院的立场让它与激进的催眠派传单作者发生联系，他们后来宣传了在1787～1788年的革命前危机中高等法院对政府发起的攻击。1784年催眠派同政府的这场小冲突为后来那些攻击做了准备，因为它让反政府的力量联合起来，成立了一个小组，被普遍和谐社中更加文雅的成员驱逐出去之后，小组便在科恩曼的房子里聚会。科恩曼小组代表了催眠术运动介入政治的顶峰，因为小组成员积极有力地与卡隆和布里耶纳两位大臣斗争。对政府的抵制在高等法院中由普雷梅尼和迪波尔领导，在显贵会议（Notables）中由拉斐特领导，在股票交易所（the Bourse）由克拉维埃领导，在读者公众之中则由布里索、卡拉、戈尔萨斯和贝尔加斯等人领导。但是要分析这场战斗，恐怕需要另写一本书了，因为1787～1788年的事件混乱难解：反对政府而支持高等法院，可以解释成反动的标志，也可以看作激进的信仰。

要修饰这些想在法国政治和社会中带来根本变化的人，

"激进"似乎还是最好的词，虽然这个词也比较含混。这个词适合一小部分催眠派，因为他们指望自己的科学重塑法国，他们的作品有革命宣传的特点，但并不适合催眠派中的多数，也就是修道院长、伯爵夫人和富商，他们依附于梅斯梅尔的木桶，只说明他们害怕疾病和无聊，或者害怕没赶上那个年代最时尚的室内游戏。催眠术的流行特征能够帮助解释1780年代各种上层阶级的生活风气。用18世纪法国人的话来说，也就是"习俗"（moeurs）。其激进特征不能证明巴吕埃尔神父想象的那种由革命细胞组成的秘密网络破坏了旧制度，而是表明了知识精英的缺乏信任，将该制度的根基腐蚀到了什么程度。拉斐特、布里索、贝尔加斯和卡拉也许能找到其他途径协调他们对体制的攻击。他们当然不需要催眠术理论去证明这个体制的罪恶。但是，当他们能够在梅斯梅尔的德国胡话中读出革命信息，当他们选择他的木桶作为要求法国社会转型的讲坛，他们就见证了自己对社会秩序的不满有多深。正是这种不满，而不是任何改革计划让他们的观点燃烧起来，并激发他们去点燃公众。

催眠术对激进分子有两个方面的吸引力：它是一个反对学术体制的武器，这个体制阻碍了或者说看起来会阻碍他们个人的发展；它还为他们提供了一个"科学的"政治理论。它不仅为布里索这样的年轻革命者提供了一个机会，让他能够介入最新的科学时尚，介入十年来最具争议性的问题，还激起了他内心里最深的情感、他爬到法国科学和文学顶峰的志向及他对顶层那些人的仇恨。顶峰从定义上讲就是狭隘的，但布里索、卡拉和马拉是从政治角度去解释学术体制的狭隘的。他们把学院派看作哲学的"独裁者"和"贵族",压迫地位更低但才华更高的那些人。随着大革命的爆发,他们对压迫的仇恨将他们从哲学领域带入政治领域。他们关于火的本质或气球驾驶方法的论述现在已经死亡,只有这点生命之火留存至今。大革命前,马拉是上述这两个问题的专家。从他在科学事务上实现人民主权之类的要求,就能看出后来那个革命者马拉的影子。"如果我必须接受判决,那就让开明、公正的公众来判决吧。我自信地呼吁这个公众的法庭,这个至高无上的法庭连科学机构本身也必须尊重它的裁决。"马拉和梅斯梅尔的名字放在一起听起来有些奇怪,但它们代表了 1780 年代激进运动的一个重要方面。特别是梅斯梅尔的呼吁,在巴黎穷人聚集的各个街道上回响,无数牛顿和伏尔泰的后继者无人赏识,在马莱·杜庞描述的肮脏的角落里诅咒着体制。"巴黎到处都是给他一点条件就可以施展才华的年轻人、职员、店员、律师、士兵,他们把自己变成作者,饥寒交迫,甚至乞讨,撰写宣传手册。"这些人壮志难酬,成为很多革命事业背后的推动力。对他们进行研究,肯定有助于解释革命精英的起源。①

---

① J. -P. Marat, *Découvertes de M. Marat sur la lumière...*, 2 ed. (London, 1780), p. 6; F. A. Mesmer, *Précis historique des faits relatifs au magnétisme animal...* (London, 1781), p. 40; *Mémoires et correspondance de Mallet du Pan, pour servir à l'histoire de la Révolution française, recueillis et mis en ordre par A. Sayous* (Paris, 1851), I, p. 130.

催眠术有助于解释的，正是这一革命情绪的起源。在伟大启蒙思想家去世之后的一代法国人中，很多人为这种情绪所控。1780年代末期，受过教育的法国人倾向于拒斥该世纪中期冰冷的理性主义，喜欢更加有风味的知识餐点。他们渴望超理性的东西，科学上神秘的东西。他们埋葬了伏尔泰，然后纷纷奔向梅斯梅尔。他们当中声音最为响亮的人没有启蒙先贤那得体的口音和优雅风范，因为他们不愿意说些机智的话把社会弊病轻轻松松打发掉。他们要消灭限制人们获得权力和荣耀的社会邪恶，于是他们拥抱了催眠术，这一事业让他们对超自然的痴迷、与邪恶斗争的本性及对特权的憎恶统统得到了宣泄。对那些已对旧体制失去信仰的人来说，催眠术提供了一种新的信仰，而这一信仰标志着启蒙运动的终结、大革命的来临和19世纪的曙光。

催眠术也吸引了一些享有特权的人，比如拉斐特、迪波尔和德普雷梅尼，他们尝试着削弱自己尊崇社会地位的那些观点。这些人提倡催眠术是把它当作普通人的医疗手段，当作一门科学，能够恢复卢梭和热伯兰伯爵所说的那种健康原始人。健康就能产生美德，卢梭和孟德斯鸠所描述的那种美德，而美德可以在政体内部及个人内部创造和谐。催眠术将会摧毁"普遍和谐"的"障碍"，从而使法国新生；它通过恢复一个"自然的"社会，让其物理－道德的自然法把贵族特权和专制政府淹没在催眠液的海洋，从而消除艺术的不良影响（这个观点也是从卢梭那儿借用来的）。首先要消除的，当然是医生。后来催眠术革命计划变得模糊起来，但其核心主张仍旧明确：消除医生就可以让自然法则发挥作用，以铲除所有社会弊病，因为旧秩序企图维护自我，对抗关于自然和社会的真正科学的力量，而推翻医生的专制以及他们的学术同盟则代表了达到这一目标的最后一击。

激进催眠派表达了他们同时代人的感觉，即旧制度已经腐坏到了无法自然愈合的地步。必须动一次大手术，但宫廷医生不可信，不能让他们来做这个手术。在新治疗方法的武装下，催眠派承担了这项任务，也的确划出了几条很深的伤口；但旧秩序死亡之后，他们明白，让他们联合起来的只是改变现状的共同愿望，而不是清晰明确的目标，于是便相互攻讦起来。德普雷梅尼对高等法院的支持变成了一个反动计划，旨在让"法袍贵族"（nobility of the robe）当权；十月催驾事件（October Days）之后，贝尔加斯心灰意冷地退出了国民议会；拉斐特和迪波尔作为保守的君主立宪派统治了法国一段时间，后来又被随着吉伦特派执政而登上权力宝座的布里索和卡拉所取代；马拉先把他原来的朋友送上了断头台，后来自己又被谋杀了，这意味着他神奇的液体终结了。他们曾共同拥有的那些梦想也就此告终。

文献说明

催眠派认为他们的运动具有重大历史意义，所以记录详备。法国国家图书馆（Bibliothèque Nationale，4°Tb 62.1）所藏催眠术文献共有 14 卷，每卷约 1000 页，记录了数以千计的治疗方法、幻象和哲学思考。该藏品搜集于 18 世纪（可能完成于 1787年），其中有很多有用的手稿笔记，包括一份"申明"（Avertissement）解释其宗旨是记录"人类理性之偏差"。尽管该藏品自称"全面而完整地收藏了赞同和反对动物磁力学的一切出版资料"，但其中缺少很多重要的催眠术文献。在本书写作过程中，通过查阅大英博物馆丰富的 18 世纪小册子藏品予以补充。亚历克西斯·迪罗（Alexis Dureau）的《动物磁力学历史文献集注》（*Notes bibliographiques pour servir à l'histoire du magnétisme animal...*，Paris，1869）中有个催眠术文献列表，有用但不全面。

本书所查阅的手稿文献如下：[①]

Archives Nationales，Paris

T 1620，Duport Papers.

W479 and F⁷4595，Bergasse and the Revolution.

---

① 按收藏地排列。

Bibliothèque Nationale, fonds français, Paris

6684 and 6687, Hardy's Journal.

1690, "Recueil sur les médecins et les chirurgiens, Joly de Fleury Collection. [1]

Cabinet des Estampes (topical cartoons, especially from the Hennin and Vinck collections).

Bibliothèque de l'Institut de France, Paris

ms 883, Condorcet Papers.

Bibliothèque historique de la ville de Paris, Paris

ms série 84 and Collection Charavay.

ms 811 and 813, Papers of the Parisian Société de l'Harmonie. [2]

Château de Villiers, Loir-et-Cher

Bergasse Papers.

Bibliothèque Municipale, Avignon

mss 3059 and 3060, Corberon Papers.

---

① 包括梅斯梅尔及其追随者的书信。
② 不全。

Bibliothèque Municipale, Orléans

mss 1421 and 1423, Lenoir Papers.

Bibliothèque Municipale, La Rochelle

ms 358, biographical sketch of Petiot and the letter printed in Appendix 2.

Bibliothèque Municipale, Grenoble

mss R 1044 and N 1761, Servan Papers.

Archives de la ville, Strasbourg

mss AA 2660 and 2662, Papers of the Préteur royal.

Zentralbibliothek, Zurich

ms 149, Lavater Papers.

 本书所根据的主要小册子及其他印刷资料均已在脚注中注明，但在此有必要说说有关催眠术的其他作品。这些文献大部分是催眠派写的。任何好的图书馆都有整架整架的相关资料，多发表于19世纪，似乎都能够揭示或驳斥神秘的医药体系或与神灵的交流。一开始这些资料读起来很有趣，但很快就变得乏味了。读者若要调查1780年代的催眠术，不妨跳过这些资料，直接阅读贝尔加斯、梅斯梅尔及当时其他著名催眠派写的作品。但是，读者不能不参考《动物磁力学刊》（*Journal du magnétisme animal*），其中有唯一一份巴黎和谐社 430 名成员的名单。这份名单是根据和谐社的档案编辑的，与巴黎市立历史图书馆所藏的不完整名单相吻合。旧派催眠术最后一位人物德勒兹的《动物磁力学批评史》（*Histoire critique du magnétisme animal*）可能也会让读者受益。如果读者对现代催眠派关于该运动的叙述感兴趣，应该看看埃米尔·施耐德（Emil Schneider）的《动物磁力学历史及其与医疗的关系》（*Der Animale Magnetismus*，*seine Geschichte und seine Beziehungen Zur Heilkunst*，Zurich，1950）。

非催眠派的作品往往尊重梅斯梅尔，把他当作受人误解、时有英雄气概的现代心理学先知。人们认为心理分析有可能是沿着神秘科学家串成的线向前发展的，把弗洛伊德、沙尔科（Charcot）、布雷德（Braid）与贝特朗（Bertrand）、皮塞居尔、梅斯梅尔联系起来，就像化学出自炼金术一样。但是查看一下梅斯梅尔的资金交易，或者看看他的博士论文，恐怕会觉得他盛名难副。他的博士论文（肯定是在他发现动物磁力学之前完成的）就算不是真的抄袭的话，也没有什么创见，可参阅弗兰克·帕蒂（Frank Pattie）的《梅斯梅尔的医学学位论文及其对米德的〈论日月的影响〉的借鉴》（"Mesmer's Medical Dissertation and its Debt to Mead's *De Imperio Solis ac Lunae*，" *Journal of the History of Medicine and Allied Sciences*，XI，1956，pp. 275 – 287）。在梅斯梅尔的思想中，很可能卡廖斯特罗的成分和弗洛伊德的成分一样多，虽然他可能是个江湖郎中，但史学家如果关心的是这场运动而不是这个人，就不必担心。然而，人们一般只把这场运动当作医学史上的一个事件，所以有了如下作品：

Rudolf Tischner, *Franz Anton Mesmer, Leben, Werk and Wirkungen.* Munich, 1928.

Bernhard Milt, *Franz Anton Mesmer und Seine Beziehungen zur Schweiz: Magie und Heilkunde zu Lavaters Zeit.* Zurich, 1953.

Margaret Goldsmith, *Franz Anton Mesmer: The History of An Idea.* London, 1934.

D. M. Walmsley, *Anton Mesmer.* London, 1967.

Ernest Bersot, *Mesmer et le magnétisme animal, les tables tournantes et les esprits*, 4 ed. . Paris, 1879.

Jean Vinchon, *Mesmer et son secret.* Paris, 1936.

E. V. M. Louis, *Les Origines de la doctrine du magnétisme animal: Mesmer et la Société de l'Harmonie, thèse pour le doctorat en médecine.* Paris, 1898. [1]

Louis Figuier, *Histoire du merveilleux dans les temps modernes*, 2 ed. . Paris, 1860, vol. Ⅲ;

R. Lenoir, "Le mesmérisme et le système du monde," *Revue d'histoire de la philosophie*, Ⅰ (1927), pp. 192 – 219, 294 – 321.

更加有用的文献，存于 18 世纪科学这个丰饶的领域之中，

---

[1] 这本书关于该社团的信息很少。

尤其是下列作品：

C. C. Gillispie, *The Edge of Objectivity: An Essay in the History of Scientific Ideas.* Princeton, 1960.

Jacques Roger, *Les Sciences de la vie dans la pensée française du XVIIIe siècle.* Paris, 1963.

I. B. Cohen, *Franklin and Newton.* Philadelphia, 1956.

Daniel Mornet, *Les Sciences de la nature en France au XVIIIe siècle.* Paris, 1911.

Philip Ritterbush, *Overtures to Biology: The Speculations of Eighteenth-Century Naturalists.* New Haven and London, 1964.

Everett Mendelsohn, *Heat and Life: The Development of the Theory of Animal Heat.* Cambridge, MA, 1964.

Erik Nordenskiöld, *The History of Biology: A Survey,* tr. L. B. Eyre. New York, 1946.

F. J. Cole, *Early Theories of Sexual Generation.* Oxford, 1930.

Alexandre Koyré, *From the Closed World to the Infinite Universe.* Baltimore, 1957.

Alexandre Koyré, *Newtonian Studies.* Cambridge, MA, 1965.

Abraham Wolf, *A History of Science, Technology and Philosophy in the Eighteenth Century.* London, 1952.

J. H. White, *The History of the Phlogiston Theory.* London, 1932.

Maurice Daumas, *Lavoisier, théoricien et expérimentateur....*

Paris，1955.

Hélène Metzger，*Les Doctrines chimiques en France du début du XVIIe à la fin du XVIIIe siècle.* Paris，1925.

Douglas Guthrie，*A History of Medicine.* London，1945.

Buffon，Muséum National d'Histoire Naturelle. Paris，1952.

P. F. Mottelay，*Biographical History of Electricity and Magnetism.* London，1922.

而最为有用的，是浏览伟大的《百科全书》中的条目。还有18世纪的报刊既包括科学主题方面的刊物，比如《物理学刊》（*Journal de Physique*）和《博学者杂志》（*Journal des Sçavans*），也包括一般话题方面的报刊，比如《巴黎日报》（*Journal de Paris*）、《水星报》（*Mercure*）、《缪斯年鉴》（*Almanach des Muses*）、《文学年》（*Année littéraire*）、《欧洲信使报》（*Courier de l'Europe*）和《布鲁塞尔报》（*Journal de Bruxelles*）。它们提供了有关通俗层面人们思想状态的信息，而这个层面在传统的知识史中很少有人讨论。

附　录

附录 1　梅斯梅尔的主张

梅斯梅尔将他的动物磁力学理论浓缩为 27 条主张，发表于《动物磁力学发现报告》（*Mémoire sur la découverte du magnétisme animal.* Geneva, 1779）。最重要的一些主张如下：

第一条　天体、地球和有生命的星球存在相互影响。

第二条　这种影响的方式就是液体。它广泛流传、延伸，没有间隙。它非常微妙，让人无从比较。它生来就可以接收、推广、传递运动的信息。

第八条　这一因素交替作用在动物身上，当它渗入神经系统，就立刻产生作用。

第九条　它类似于磁铁的特性，尤其会体现在人体上；我们从中辨别出各种相斥的极，它们可以被传递、发生变化、被摧毁、被强化；我们甚至能从中发现某种倾向。

第十条　由于与磁铁类似，动物躯体的特性可以使天体相互影响。这一特征又使得它与周围的事物相互作用，因此我决定称之为动物磁力。

第二十一条　这一体系将对火与光的本质提出新的阐述，在引力理论中还将阐述涨潮与退潮、磁铁和电的本质。

第二十三条　借鉴事实，根据我所主张的实用准则，我们承认该原则可以立刻治愈神经疾病，也可以间接治愈其他疾病。

附录2　巴黎业余科学家的生态

以下是对巴黎各讲堂和博物馆的描写，其中提到了让－路易·卡拉，摘自拉罗谢尔学院（Academy of La Rochelle）的拉维尔马雷（La Villemarais）在前往巴黎的途中给同事塞涅（Seignette）写的一封信，由拉罗谢尔市图书馆最热情的馆员O. B. 德·圣阿弗里克小姐（Mlle. O. B. de Saint-Affrique）抄自该馆所藏手稿并寄送笔者。[①]

PARIS, le 12 février 1783

...Les beaux esprits et les savants sont presqu'invisibles ici; quelques une même ne reçoivent de visites qu'un jour de la semaine, comme les Ministres, et si on veut les voir il faut aller à

---

① 为了研究者使用方便，此信保留原文，同时译为中文便利非专业读者了解。下面类似文献处理方式同此。——编者注

leur audience publique. J'ai déjà entendu une partie des professeurs de physique et d'histoire naturelle—ceux qui ont le plus de mérite ont souvent des moyens si ingrats qu'on ne peut tirer aucun profit de leurs leçons, cependant les hommes, les femmes, de tout age, s'y portent en foule. J'allai, il y a huit jours, au fameux Musée, rue Sainte-Avoye, où M. Pilâtre de Rozier devait donner une récapitulation de tout ce qu'il avait enseigné depuis trois mois. Je fus introduit dans un assez beau cabinet, orné de fort beaux instruments de physique expérimentale—le milieu était occupé par une superbe machine électrique à deux plateaux, autour de laquelle un double rang de femmes, très parées, formait une enceinte qui occupait les trois quarts du cabinet; par derrière, dans les coins et jusque dans l'antichambre les hommes étaient entassés pêle-mêle; on entendait à peine le jeune professeur, qui doctement expliquait les premiers phénomènes de l'électricité, et très souvent appelait la machine à son secours; deux ou trois coups de ballon tirés à l'improvisé, des jets de lumière extraordinaires, et l'inflammation de la poudre à canon, jetèrent parfois la belle portion de l'assemblée dans un grand désordre, des voix charmantes poussèrent des cris aigus, mais tout fut rajusté par la présence d'esprit de M. de Rozier, qui nous assura qu'il n'y avait rien à craindre. Je vous envoie ci-joint le prospectus de ce Musée pour que vous en preniez une idée: vous verrez qu'il ne ressemble en rien à celui de M. Court de Gébelin, qui n'est qu'une société littéraire, une ombre imparfaite des académies, ou chaque membre lit ce qu'il a écrit sur tel sujet que bon lui semble. J'y fus encore Jeudi dernier. M. Caillava, Président, lut la préface d'un ouvrage sur l'art dramatique. M. de St. Ange donna un morceau de sa traduction des Métamorphoses d'Ovide ; M. du Carla, physicien qui n'est pas sans mérite, lut une très courte dissertation sur la lumière zodiacale ; M. Carra en lut une autre beaucoup trop longue sur les vibrations *sonifiques* comparées aux vibrations *lucifiques*, enfin le cher M. Monnet nous donna je ne sais quoi sur certains petits osselets fossiles, qu'il a vus, je ne sais où ; c'était écrit à peu près comme il parle. On lut encore des odes latines et françaises, des vers envoyés par des correspondants, des extraits de voyage ; mais ce qui parut faire le plus de plaisir à l'assemblée, c'est un fragment de poésie imitative tiré d'un poème que M. Depiis se propose sans doute de faire imprimer : ce dernier morceau fut vivement applaudi. Après les lectures on donna, comme d'usage, un peu de musique. Il me reste à voir le Musée de M. de la Blancherie ; je tâcherai d'y aller jeudi, si on ne donne pas un opéra de Gluck.

在这里几乎看不到智者和先知。有些人甚至一周里只有一天接见来访，例如大臣们。如果想见他们，就得接受公开审讯。我听过一些物理和自然史老师的授课——优点是可以经常有机会和他们接触，但是徒劳无益，大家从他们的授课中无所收获，然而各个年纪的男男女女却趋之若鹜。一周前，我去了位于圣阿瓦耶大街的著名博物馆，皮拉特尔·德罗齐耶先生正在回顾三个月来他所讲授的内容。我被带进一间非常漂亮的工作间，这里配有极其美观的物理实验器械——中间放着一个配有两个盘的上好电器，两排娇美的女人围在周围，这样就形成了一堵围墙，占了工作间的 3/4；后面，男人们散乱地挤在角落里，一直延伸到候见室。我勉强听到这位年轻教师饶有学问地讲解电的基本现象，不时借助一下机器，随意拉两三下球，几缕奇特的光束过后，大炮火药燃起，使得部分人群一片混乱，优美的声音变成刺耳的尖叫。但是德罗齐耶先生的出现让一切恢复了秩序，他向大家说没有什么可怕的。我给你们附上这个博物馆的介绍书，让你们有个概念，你们会明白这并不像热伯兰伯爵的学会。热伯兰伯爵的只是一个文学社团，是科学院蹩脚的影子，在这里每位成员只读自己认为不错的主题。上周四我又去了，卡亚瓦会长先生读了戏剧艺术的前言，德－圣安热先生介绍了一些自己翻译的奥维德的《变形记》；功勋卓著的物理学家卡拉先生读了关于黄道光的一小段论述；卡拉先生读了另外一篇关于"光"震动和"锥"震动的长篇论述。最后，亲爱的莫内先生给我们讲了关于一些小化石的东西，也不知道他从哪里看来的，写的和他讲的基本上一样多；有人还读了一些拉丁语和法语的颂歌，一些书信传递的诗句，一些游记节选，这些似乎更让众人开心；还有从德皮士先生准备发表的诗中抽取出来加以模仿的片段，最后这个颇受众人欢迎。读完之后按照惯例放了点音乐。我还没参观过德拉塞布朗什里的学会。如果不上映格鲁克歌剧，这周四我也会尽量去的。

附录3　普遍和谐社

该社团在高海隆路夸尼旅馆一个大房间里面秘密聚会，房间里装饰着昂贵的挂毯和镜子。科尔伯龙男爵的日记最出色地描写了聚会的特点。科尔伯龙1775～1780年任法国驻俄罗斯代办时能够找到的任何形式的神秘学和秘教，他都要实验一番。他日记的第一部分已经出版：L. -H. Labande, *Un diplomate français à la cour de Cathérine Ⅱ , 1775 – 1780. Journal intime du Chev. de Corberon , chargé d'affaires de France en Russie* , 2 vols. . Paris, 1901. 日记剩下部分的摘要附录如下，现藏阿维尼翁市立图书馆（mss 3059、3060）。科尔伯龙与梅斯梅尔进行了初步会谈，参加了一次为新会员举办的聚会，便于1784年4月5日被正式吸纳入会。

C'est aujourd'hui. . . que j'ai été reçu chez Mesmer; c'est-à-dire membre de l'harmonie, car on a donné un nom et des formes de maçonnerie à ce qui n'en devait point avoir. Nous étions 48 environ de récipiendaires. Une grande salle au premier de l'ancien hôtel de Coigny, rue Coq-héron, était préparée à cet effet.

Beaucoup de lumières souvent disposées par trois, éclairaient cette pièce. Un arrangement de sièges, de fauteuils, etc., tout donnait à cette assemblée un petit air de charlatanerie qui m'a déplu, je l'avoue, mais qui était peut-être nécessaire pour bien des gens...

今天，梅斯梅尔方面接见了我，意思是说和谐社成员接见了我。它有着共济会的名称和形式，然而却名不副实。大约有48名新会员，位于高海隆路的夸尼旅馆二楼大厅已准备就绪，灯三个三个放在一起，照亮整个大厅。一行行凳子、椅子等，我承认，这一切让这群人有点像江湖骗子，我感到不快，但对很多人来说或许是必要的……

Au fond de cette salle il y avait une estrade derrière laquelle étaient assis les 3 président et vice-présidents; une table devant eux couverte d'un tapis rouge ainsi que les fauteuils. Mesmer au milieu, à sa droite M. de Chatelux, à sa gauche M. Duport, les 2 vice-présidents.

大厅深处有一个主席台，前面坐了主席和副主席三人；他们前面有一张铺着红毯子的桌子，还有扶手椅。梅斯梅尔坐在中间，右边是沙特吕先生，左边是迪波尔先生两位副主席。

On a fait un petit discours qui ne [signifiait] pas grande chose sur l'importance de ce que nous allions faire, et toujours la forme maçonnique, les mailles pour faire silence etc. J'oubliais de dire qu'en avant de l'estrade des présidences, il y avait à droite un fauteuil et une table pour l'orateur, à gauche de même pour le secrétaire. Devant et dans le centre deux rangées de chaises, chacune de 12 ou 15 environ, autour duquel [*sic*] les 2 rangées de fauteuils, plutôt derrière qu'autour; et en troisième ligne des banquettes élevées sur lesquelles se sont placés les anciens reçus. En face de l'orateur et du secrétaire 2 autres tables et fauteuils auxquelles se sont placés 2 autres officiers de l'ordre qui figuraient là ce que sont dans les loges le premier et le deuxième surveillant. Voilà à-peu-près la figure ou plan de cette assemblée.

　　首先做了一个小开场白，对我们接下来做的事并没有多大用处。这采用了共济会的形式，就像扔个铜钱让人安静下来而已。我忘记说了，在主席台的前方，右手边有为演说者安排的一把椅子、一张桌子，左边同样也有，是为秘书安排的。大厅的前面和中间有两排椅子，每排有 12～15 把；大厅中心的四周有两排扶手椅，确切地说是大厅的后面。第三排的软垫长凳上坐着老会员。在演说者和秘书对面有另外两套桌椅，上面坐着另外两位管理秩序的人，第一位是共济会支部的，第二位是监察的。这就是这次会议的大致情况。

　　Il y avait sur une glace derrière les présidents un tableau symbolique et aux deux côtés, c'est-à-dire au-dessus de l'orateur et de son pendant, un tableau écrit à la main qui marque ce que c'est que le magnétisme animal, son application par division et subdivisions.

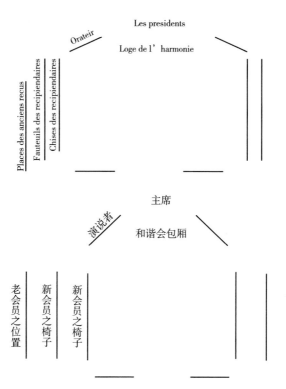

在主席后面的玻璃上有一幅象征画，在其两边，也就是在演说者以及和他对称的人的上方有一幅手工画，描绘了动物磁力及它各个部分的运用。

... Nous avons tous levé la main et passé ensuite à tour de rôle au banc des présidents où nous avons reçu debout le signe de l'attouchement.

我们大家举起了手，轮流走到主席跟前站着，碰碰手，举行了入会仪式。

入会之后，科尔伯龙参加了 11 次信条修习课程，其特征可从其以下日记摘要中判断出来。

April 7：Nous étions tous autour d'une grande table d'un carré qui pouvait contenir une trentaine de personnes. Une planche de bois noirci propre à tracer des lignes occupait le milieu de cette table；elle est là pour tracer des figures analogues à la démonstration. Un ou deux bateaux de papier y est aussi, l'un rempli de boules de cire comme des balles de pistolet, l'autre de limaille de fer. Il y a aussi des cartons sur lesquels sont dessinés des figures de petites boules comme celles de cire rangées dans différents ordres：ces desseins sont relatifs aux démonstrations de la matière dont les boules de cire ou leur figure représentent des atomes ou des globules de matière. Des bougies, du papieer, de l'encre, garnissent le reste de la table.

Mesmer est placé dans le milieu d'une des grandes faces de la table. Bergasse, orateur de la loge et démonstrateur à la leçon, est vis-à-vis de lui à l'autre face de cette même table. Armé d'une verge de cuivre ou d'or, qui n'est pas celle de Moïse, il a pris la parole...

Il y a dans nos assemblées d'instruction un inconvénient, c'est que le véritable maître, Mesmer, ne possède pas assez la langue française pour faire l'instruction et en conséquence c'est Bergasse, qui a de la facilité, qui parle. Mais, comme avec beaucoup d'opinion de lui-même, il a moins de science que de jargon, il délaie ce qu'il sait et revient avec complaisance là-dessus, tandis qu'il coule rapidement sur les choses abstraites et ne nous en donne pas une idée nette, précise et satisfaisante.

（4 月 7 日）我们围在一张可以容纳 30 人的方桌边。桌子中间是呈条形的黑色干净木板，用来画演示的图。还有一两只纸船，一只装满像子弹一样的蜡球，另一只装着锉下的铁屑。还有一些箱子，上面画着一些小球，就像蜡球排着不同的顺序。这些设计和示范表演有关，正如蜡球或者其画像象征着原子和球形颗粒的物质。桌子的其余部分放满了蜡烛、纸张、墨水。

梅斯梅尔坐在桌子的侧边。坐在他对面的贝尔加斯发了言。此人是共济会演说者兼课程示范者，和摩西不同，他配着标志职权的铜或金制权杖。

在我们的培训大会上，有一个不足之处就是真正的指挥者梅斯梅尔不大懂法语，不能发出指令，因此有语言天赋的贝尔加斯代他发言。但是，由于夹杂着很多他自己的观点，所以不够科学，俚语很多。他冗长地陈述自己知道的内容，并且得意地喋喋不休，然而却很快地扫过那些抽象的内容，没能给我们一个明白、准确、让人满意的概念。

April 9：... Dans le courant de cette instruction où Mesmer a parlé plus qu'aux autres j'ai remarqué avec déplaisance que Bergasse l'interrompait avec l'air de la supériorité. Je trouve qu'il abuse de l'avantage qu'il a sur l'autrichien de manier la parole, et cela m'a indisposé contre lui.

（4 月 9 日）⋯在这次培训中，梅斯梅尔讲得比以往要多。我不悦地发觉，贝尔加斯一脸优越感地打断他的讲话。我认为他在对这个奥地利人滥用语言优势，操纵话语，这让我对他很不满。

April 12：... Ce Bergasse est sur le point de rompre avec Mesmer, et ce n'est pas, m'a-t-on dit, la première fois... En commençant la leçon Bergasse nous a annoncé que ce serait la dernière qu'il ferait d'un ton à faire penser qu'il y avait des raisons de mécontentement particulier, plus que des affaires qui l'en empêchaient. Le Chevalier Delfino, ambassadeur de Venise, qui était à côté de moi, en prit la même opinion, et me dit qu'il, ... lui Bergasse, eut déjà la même idée de quitter la société par de semblables raisons d'amour-propre et de domination qui avaient fait naître des disputes assez vives avec le Comte Maxime Puységur, qui fera probablement l'instruction à sa place.

（4 月 12 日）⋯⋯贝尔加斯要和梅斯梅尔断绝关系。据说，这并不是第一次⋯⋯在开始上课时，贝尔加斯向我们宣布，这是他最后一次以这样的口吻让大家知道，有很多特别让人不快的理由，不单单是一些事阻碍了他的发展。驻威尼斯大使德尔菲诺就坐在我旁边，他们观点一致。他对我说，……贝尔加斯已经有离开共济会的想法，好像由于诸如自尊心与权力问题，已经引发了与马克西姆·皮塞居尔伯爵之间相当激烈的争论，可能会由此人代替他来进行培训。

科尔伯龙说，皮塞居尔于 4 月 14 日取代了贝尔加斯，但讲得很糟糕；到 4 月 19 日，贝尔加斯已经同意继续上课。科尔伯龙 4 月 30 日上了他的第十一堂课，随后中断了日记。到 11 月份重新开始写日记的时候，他对催眠术活动的兴趣已经开始减退，而与一个名叫吕埃的人交往，吕埃宣称自己拥有"哲学家之石"，是所罗门的传人。

附录 4　贝尔加斯的催眠术讲座

以下摘要出自贝尔加斯的一次讲座，讲座题为《关于世界体系的一般观点及自然道德与物理法则的统一》（Idées générales sur le système du monde et l'accord des lois physiques et morales dans la nature），时间是 1785 年 7 月 10 日，显然是和谐社分裂之后他关于催眠术的公开课程的一部分。原稿在贝尔加斯的手上，现藏于卢瓦 - 谢尔省维莱堡的贝尔加斯文稿。

70. De même que toutes les organisations font involontairement effort pour parvenir à l'équilibre physique entre elles，toutes les intelligences et toutes les volontés font involontairement effort pour parvenir à l'équilibre morale entre elles.

第七十条　所有的组织都不由自主地努力达成彼此间物理上的平衡；与此同时，所有有才智和有意志的人也不由自主地努力达成彼此间道德上的平衡。

81. On pourrait appeler magnétisme moral artificiel toute théorie de moyens inventés pour produire entre les êtres intelligents une harmonie et une réciprocité d'affections et d'habitudes. A cette théorie appartiennent les institutions politiques et les divers formes d'éducation imaginées chez les différents peuples pour assurer la paix et la bonheur de la société.

第八十一条　任何能够激发智者之间和谐相处、互相适应和友爱的理论，我们都可以称之为人为道德磁力。在各种群体内，保证社会和平、幸福的政治机构和各种教育形式都符合这种理论。

82. On pourrait appeler électricité morale artificielle l'effort coupable que font un ou plusieurs individus pour détourner les affections et les habitudes qui les unissent à leurs semblables et les accumuler sur eux-mêmes.

第八十二条 一个或几个人为了损害让同胞团结、聚集在一起的友爱和适应关系的行为，我们可以称之为人为道德电气。

86. De même que connaître la loi, d'après laquelle s'exerce le magnétisme physique universel et la théorie des procédés qui peuvent développer ou accroître l'énergie de cette loi est l'object de l'art de préserver et de guérir ou de la médicine ; de même aussi connaître la loi morale universelle d'après laquelle est produite l'harmonie des êtres intelligents et déterminer dans toutes les circonstances données, les institutions, les coûtumes, les préjugés qui peuvent développer ou accroître l'énergie de cette loi est l'objet de l'art de conduire et de gouverner ou de la législation.

第八十六条 了解这一法则是预防、治愈或医治艺术的目的。普遍认可的物理磁力和方法理论根据这个法则运作，同时可以提高或增加这一法则的能效。同样，要了解智者和谐相处的普遍道德法则，还要在各种既定情境下都能决定可以提高或增加这一法则能效的机构、习俗和前例，这是驾驭、统治和立法约束艺术的目的。

87. Parce que, comme je viens de dire, les lois physiques et morales du monde, sont tellement ordonnées entre elles qu'appartenant à un seul plan, elles se terminent à un seul résultat, tout ce qui

dans un être organisé et intelligent blesse les lois morales doit nuire au développement des lois physiques, tout ce qui dans un être organisé et intelligent empêche ou détourne l'action des lois physiques doit affaiblir ou rendre plus difficile l'action des lois morales.

　　第八十七条　正如我刚才所说，世界上物理和道德法则井然有序，属于同一规划，因此趋于同一结果。任何一个有组织的智者破坏了道德法则都会损害物理法则的发展，任何一个有组织的智者阻止或改变物理法则的行为都会削弱道德法则的运作，或使其变得更加艰难。

90. L'homme considéré comme un être moral est bon lorsque rien n'interrompt les affections et les habitudes qui le font tendre à l'équilibre moral avec lui-même et avec ses semblables.

　　第九十条　好在人被认为是有道德的生命体。没有什么能阻止他追求友爱和相互适应，这些能让他自身的道德平衡，以及与同胞间的道德平衡。

105. Rien ne prouve plus l'existence d'une intelligence sourveraine qui modère tout dans l'univers et ne donne une idée plus sublime de sa sagesse, que la combinaison profonde et le parfait accord des lois physiques et morales par lesquelles le même univers est gouverné.

　　第一百零五条　没有什么能够证明至高无上的智者可以让

世界万物与自己一致，没有什么比这个更充满智慧了。物理法则与道德法则的深刻关联和完美统一主宰着这个世界。

以下摘自贝尔加斯 1783 年给和谐社的一次演讲。演讲稿是贝尔加斯亲手写的，然后在新成员入会大会上宣读，收入《贝尔加斯先生演讲及片段》（ *Discours et fragments de M. Bergasse.* Paris，1808）时他做了较多修改。与现藏于维莱堡的原稿相比，修改后的演讲稿中，卢梭和自然神论的色彩要淡化得多。以下内容摘自原稿。

La Nature ne s'est évidemment proposée dans le développement de ses lois que de maintenir entre les êtres prodigieusement variés que l'immensité de son système embrasse，une constante et durable harmonie.

... Le bien sera pour vous tout ce qui est dans l'harmonie générale des êtres，le mal tout ce qui trouble cette harmonie... Vous apprendrez que cette justice n'est autre chose que cette grande énergie de la Nature qui rétablit par un mouvement général l'harmonie des êtres que des mouvements particuliers ont troublés quelques instants.

... un organe véritable，un organe d'une sensibilité infinie qui s'unit par des fibres aussi nombreuses que déliées à tous les points de l'univers... C'est par cet organe que nous nous mettons en harmonie avec la nature, comme c'est par les autres que nous entretenons notre propre harmonie...Si dans un être malade l'organe de la conscience souffre, le rétablissement parfait des organes ordinnaircs cst impossible; et vous arriverez ainsi à cette idée lumineuse et première, qu'il faut être bon pour être absolument sain...La pensée du méchant est un obtacle à l'action conservatrice de la nature...De là...une morale émanée de la physique générale du monde...De là des règles simples pour juger les institutions auxquelles nous sommes asservis, des principes certains pour constituer la législation qui convient à l'homme dans toutes les circonstances données, des lumières imprévues sur la législation des crimes, législation dont les idées premières n'ont pas encore été seulement aperçues, d'autres moeurs parce qu'il nous faut d'autres lois, des moeurs douces parce qu'elles ne naîtront pas de nos préjugés mais de nos penchants, des moeurs faciles parce que peu de choses sont défendues à l'homme de la nature, des moeurs sévères, néanmoins, parce que la nature ne défend rien en vain à l'homme qui reconnaît son empire.

　　自然产生法则，其阔大的体系让千姿百态的人们都处在恒定持久的和谐之中。

　　对您而言，生命个体总体和谐就是好，破坏这种和谐则是劣。您会知道这种公正不是别的，而是自然界巨大的能量。通过通常的运动，自然界建立了生物个体的和谐，当然有时一些特别的运动也会干扰这种和谐。

（良知是）一个真正的器官，一个极其灵敏的器官，它由通达世界各处的大量纤维积聚而成……正是通过这个器官，我们与自然和谐相处，正如我们通过他人保持了自身的和谐……如果一个病体生物的意识器官受损，就不可能完美地重新构建普通的器官；这样您就会得到一个一流的高明见解，要想绝对健康，就得完好无损……恶劣的思想会阻碍保护自然的行动……由此从世界的普通物理得出一个道理……由此产生一些简单的规则，用以评判束缚我们的法规，形成一些原则来构建立法规则，在既定情况下对人产生约束，引发关于立法规范罪行的意外想法。只是立法最初的见解还没有领会，就产生了其他道德，因为我们需要其他立法法规。一些温和的道德规范，它们产生于我们的爱，而不是偏见。我们需要一些宽容的道德，因为不必对自然中的人太多规范。当然还需要一些严厉的道德，因为对承认自然的人也不能防范而无效。

附录5　和谐社章程及教材

和谐社的章程体现了他们对自然物理－道德法则的理解，由贝尔加斯撰写的讲义表现了他们对符号的使用，他们一般把符号当作具有魔力的象形文字，能够传递原始的真理。两者均来自法国国家图书馆（4°Tb 62）所藏的催眠术文献。

DEVISE des Sociétés de l'HARMONIE.

OBJET GÉNÉRAL.

Contemplation de l'harmonie de l'univers.
Connoissance des loix de la nature.

———

Rapport et influence de tous les êtres. Physique universelle.	Rapport et influence de toutes les actions. Justice universelle.

OBJET PARTICULIER.

L'Homme.

Son Education. Sa Conservation.	Législation. Justice.

OBJET PRATIQUE.

Enseigner, maintenir et propager les principes.

De la Conservation.　　De la Justice. { Sûreté.
Liberté.
Propriété.

De l'Education.

De la Médecine

ou de l'art de

guérir.

Des Vertus sociales. { Humanité.
Modération.
Frugalité.
Bienveillance.
Honnêteté.
Exactitude dans les procédés.
Sécurité.
Véracité.
Générosité.

Combattre les erreurs.　　Empêcher l'injustice.

———

(O) En cet endroit, est placé un cartouche ovale

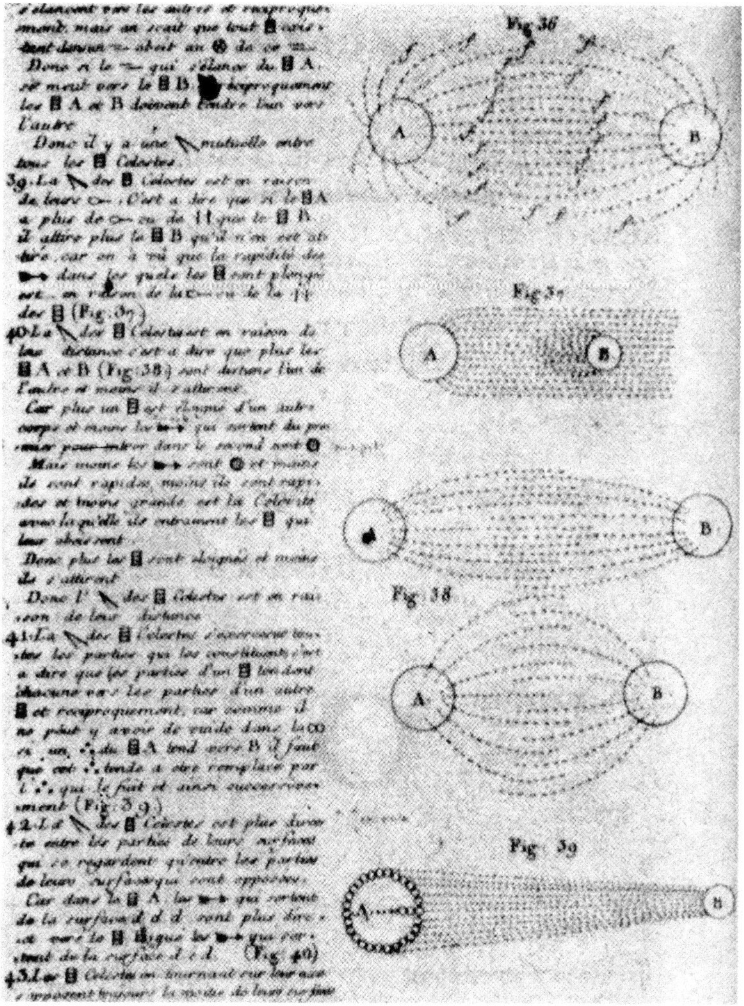

附录6 一种反催眠术的观点

孔多塞将这篇文章命名为《令我迄今不能信仰动物磁力学的理由》（Raisons qui m'ont empêché jusqu'ici de croire au magnétisme animal）。他很可能是在1784年末或1785年写的这篇文章，但一直没有发表。现藏于法兰西学院图书馆（ms883，fol. 231 – 247）。

Je respecte beaucoup les hommes distingués qui ont acheté le secret de M. Mesmer, parce qu'ils y croyaient d'avance, et qui ont continué d'y croire.

Mais Bodin croyait aux sorciers. L'imposture grossière des vampires attestée par une foule de témoins a eu pour historien le savant Dom Calmet. Jacques Aymar a eu des partisans illustres; la poudre du chevalier Digby a fait des prodiges sur des malades de tous les états. On est étonné des noms qu'on rencontre au bas des miracles de St. Médard. De nos jours on a cru à Parangue qui *voyait* l'eau à travers la terre, ce qui est un véritable miracle. Parmi les prosélites de Swedenborg on trouve des hommes instruits, occupant des places honorables, et raisonnables sur toute autre chose.

Les seuls témoins qu'on doive croire sur les faits

extraordinaires sont ceux qui en sont les juges compétents. Il [existe], dit-on, un fluide universel dont les effets s'étendent depuis les astres les plus éloignés jusqu'à la terre. Eh bien, je n'y puis croire que sur l'autorité des physiciens. Ce fluide agit sur le corps humain. J'exige alors que ces physiciens joignent de la philosophie à leurs connaissances, parce que je dois me défier alors de l'imagination et de l'imposture. Ce fluide guérit les malades sans les toucher ou en les touchant; alors j'ai besoin que les médecins m'attestent la maladie et la guérison.

Mais le magnétisme animal a été admiré, employé par des physiciens ou des médecins. J'en conviens, mais il s'agit de me déterminer à croire sur une autorité; cela est dur pour la raison humaine. Ainsi je n'entends point par physicien ou par médecin un homme qui a fait des livres de physique ou qui a été reçu docteur dans quelque faculté. J'entends un homme qui, avant qu'il fut question du magnétisme, jouissait en France, en Europe même, d'une réputation bien établie. Voilà l'espèce de témoignage qu'il me faut pour croire un fait extraordinaire de physique ou de médecine.

Mais il faut encore que ce témoignage ne soit pas balancé par des témoignages contraires, à égalité et d'autorité. Un seul homme qui, admis à voir les mêmes faits, ou ne les voit pas ou n'y voit point le merveilleux qu'on y veut voir, balancera ceux qui auront vu.

Parce que la circonspection qui ne voit point trompe rarement et que l'enthousiasme qui veut croire trompe souvent.

D'après ces principes, on voit qu'il est impossible de croire au magnétisme animal, soit de M. Deslon, soit de M. Mesmer.

Examinons maintenant si, malgré la sainteté du secret, ces messieurs n'en ont pas assez dit ou assez laissé voir pour ôter toute espèce de motif de croire.

C'est l'imagination qui seule produit les effets attribués au magnétisme: qui me l'a dit? M. Mesmer lui-même et ses partisans, qui ont employé ouvertement tous les moyens connus pour exciter l'imagination: appareil merveilleux, postures bizarres ou contraintes, langage extraordinaire, réunion d'un grand nombre d'individus, des attouchements légers qui, dans des individus sensibles, produisent un effet qui les étonne et réveille l'activité de leur imagination.

L'approche du doigt produit même à une petite distance une sensation [illegible word] et fugitive qui devient un léger chatouillement lorsqu'on a une forte attention; [une] heureuse crédulité et l'imagination se chargent du reste. Des femmes vapoureuses sont magnétisées par des hommes, et il n'y a point de médecin éclairé, de physicien instruit qui ne sache combien il en peut résulter de choses merveilleuses, en supposant même dans les magnétiseurs l'innocence la plus complète.

Quelques personnes ont osé parler de charlatanisme, mais ces malades soumis à la volonté du magnétiseur, les cataleptiques qui n'en voient que mieux quand ils ont perdu la vue, ces malades qui devinent les maladies, tout cela n'a-t-il point la plus grande ressemblance aux fameuses histoires de démoniaques don't les livres sont pleins? Nicole de Vervins, Marthe Brossier, les Urselines de Loudun n'ont pas fait de choses moins merveilleuses.

Les raisonnements des magnétiseurs contre les préjugés des savants, ne sont-ils pas absolument les mêmes que ceux des charlatans les plus célèbres? l'exemple le plus frappant de l'opposition aux vérités physiques ou médicales est celui de [Harvey?]. On a remarqué qu'aucun médecin agé de quarante ans lors de sa découverte ne consentit à la croire. Mais un grand nombre de physiciens y crurent sans peine. L'exemple de Newton ne prouverait rien ici; personne ne nia ses découvertes. On persista seulement à vouloir les expliquer par des tourbillons; et on ne citera pas une seule découverte qui n'ait été reconnue en très peu de temps par la pluralité des savants; et pas une des prétendues découvertes rejetée par eux qui n'ait été reconnue pour une chimère.

La manière dont les magnétiseurs défendent leur doctrine me paraît encore un violent préjugé contre eux. Par exemple, ils parlent de fluide magnétique, et ils ignorent que l'existence de ce fluide est bien loin d'être généralement reconnue. Ils donnent l'influence de la lune sur le corps humain pour une vérité avouée, et ni cette influence, ni les faits sur lesquels ils l'appuient ne sont admis. Ils comparent cette influence à l'action qui produit les marées, et ils ignorent que cette action a été soumise au calcul et qui'il résulte de ce calcul que cette action est nulle.

Parmi les personnes qui ont des secrets, les unes avouent franchement qu'elles les gardent pour s'enrichir; si cela n'est pas noble, cela n'est pas injuste: et, en vérité, l'exacte justice est si rare, et si on l'observait, le genre humain se trouverait si bien qu'on ferait fort bien de ne rien exiger de plus des hommes, du moins de sitôt.

Les autres disent qu'il y aurait du danger à révéler leur secret. Quelques uns le conservent pour que les étrangers, les ennemis de leur pays n'en profitent point. Ces derniers motifs sont suspects. Toutes les fois qu'un homme fait une chose utile à ses intérêts, il peut s'ouvrir à ses amis sur les motifs plus nobles qui peuvent l'inspirer, mais il ne doit jamais les dire au public, qui ne peut le croire.

D'ailleurs, comment ce secret si utile serait-il dangereux, s'il était connu? Ne l'est-il pas davantage en restant secret? S'il est public, ne trouvera-t-on pas les moyens de s'en défendre? Supposez la poudre à canon connue d'une seule nation, n'aurait-elle pas réduit toutes les autres à l'esclavage; les possesseurs du secret, ne seraient-ils pas les maîtres absolus de leur nation? Est-il possible de garder ce secret et cependant de le répandre assez pour qu'il soit utile?

Comme M. Mesmer est mécontent des académies, nous prendrons la liberté de raconter ici une petite anecdote. Un homme qui avait trouvé la quadrature du cercle se plaignait qu'on ne voulut pas l'examiner. "Mais," lui dit un académicien, "Ces examens font perdre inutilement beaucoup de temps." "Cela est bon pour les autres," dit le quadrateur, "N'examinez que la mienne; elle est seule bonne."

M. Mesmer veut-il que les gens sans préjugés croient à la réalité de son agent, ou veut-il ne persuader que ses malades?

S'il veut convaincre lesgens sans préjugés, que son cabinet soit ouvert aux physiciens, que là, sans malades et n'ayant pour témoins que ceux qui ont bien voulu s'y rendre, il fasse des expériences bien simples, bien convaincantes; peu à peu il verra arriver successivement chez lui tous les hommes éclairés selon qu'ils sont plus ou moins disposés à croire. Il entendra leurs objections, il trouvera les moyens de les détruire.

Ne veut-il persuader que les malades? Il n'a rien à faire que ce qu'il a fait.

J'en demande pardon à M. Mesmer, je n'ai jamais cru, ni aux grandes découvertes qu'on garde dans son portefeuille, ni aux inventions don't on ne s'empresse point de prouver la réalité, ni aux

complots des savants contre les nouvelles découvertes. Messieurs
les inventeurs, si vous vous défiez de leur zéle pour la vérité,
croyez au moins à leur orgeuil; ils ne demanderont pas mieux que
de connaître ce que vous avez découvert, et ils ne douteront pas
d'en tirer bientôt plus de vérités que vous-même.

　　我很尊敬那些杰出人士，他们好不容易才获悉梅斯梅尔先
生的秘密，因为对此他们事先就很相信并一直很相信。

　　博丹却相信有本领的人。刽子手无礼的欺骗已经证实了首
先受到攻击的是历史学家卡尔梅特。雅克－艾马也有一些优秀
的拥护者；迪格比骑士的粉剂奇迹般地治愈了各种杂症病人。
圣梅达尔之下发现那些名字，真让人惊讶。现在，我们相信帕
朗古透过地面看到水，这是一个真正的奇迹。在斯威登堡的新
入会者中，我们看到了一些受过教育的人，他们占据着体面的
职位，凡事都通情达理。

　　有关这些奇特事件唯一应该相信的就是那些有能力的评判
家。据说有一种宇宙液体，它的作用力可以从最远的星球到达
地球。其实，我只是鉴于物理学家的威望而对此表示认同。这
一液体作用于人体，于是我要求这些物理学家把哲学联系到他
们的知识，因为我不相信想象力和欺骗。这种液体无须接触或
者稍稍接触病人就能让人痊愈，那么我需要医生向我证实生病
和治愈的情况。

　　但是动物磁力已经被物理学家或医生认可并使用。我对此

表示同意，但问题是鉴于权威就让我下定决心表示相信，出于人道的理由，这很难。因此我并不理会谁写了物理学的书或谁在某个医学院成为医生。在涉及磁力学之前，我注重的是一个人在法国甚至在欧洲的好名声。让我相信物理学或医学中的奇事，我需要的就是这种证据。

但是这种证据还不得被相反的证据所左右，要求平等、有权威。一个人看见相同的事实，或者并没有看到想看到的奇迹，都会左右即将看到的人。

由于没看到而显得谨慎，这样很少能欺骗人；因为想去看而显得热情洋溢，这样常常使人上当。

根据这些原则，不论是德隆先生还是梅斯梅尔先生的动物磁力论都无法让人信服。

现在让我们仔细研究一下，尽管秘密非常神圣，这些先生却没有讲解充分或足以让人看清，从而可以排除任何让人相信的动机。

只有想象力对磁力产生作用：谁跟我说的？是梅斯梅尔本人和他的支持者公开使用各种方法来激发想象：神奇的仪器，不自然的奇怪姿态，特别的语言，集会，碰碰手，这些对于敏感的人就可以发生作用，从而使他们惊奇，唤醒他们的想象。

手指靠近到一个很短的距离，就能产生一种瞬间的［无法辨认的词］感觉，当仔细感觉一下，有一点痒，剩下的就只是轻信和想象所致。女人会被男人的磁力影响。假设这些动物磁力疗法的施行者很单纯，那么经验丰富的医生、受过教育的物理学家就不会知道从这些美好的事物中能得出什么结果。

个别人敢说是江湖骗术，但这些病人屈从于动物磁力疗法施行者的意志，蜡屈症患者失明后就会相信。病人猜测病情，这和书里大量描述的魔鬼附身的说法没有相似之处吗？尼古拉·德·韦尔万、玛莎·布罗西耶、卢丹的修女们没少做出彩的事。

动物磁力疗法施行者的推理不符合科学家的判例，那和一些有名的江湖郎中不是一丘之貉吗？反对物理学或医学真相最惊人的就是哈维的例子。我们注意到在做研究时，没有一个40岁以上的医生表示相信，但是很多物理学家轻易采信了。牛顿的例子在这里不能适用，没有人否定他的发现，人们只是坚持想用一连串的事解释这些发现。我们不要引用这样的事例：一项发现在很短时间内就被大多数科学家认同，也不要说没人认可的发现就是空想。

在我看来，动物磁力治疗施行者为了捍卫自己的学说而采用的方式，对他们自身也是极其不利的。例如，他们谈到了磁液，却不知道这种液体的存在远没有被普遍承认。他们认为月亮对人体施加影响是已被承认的真理，可是这种影响还有他们所依据的事实仍没有被接受。他们把这种影响比作可以引起海潮的运动，却不知道这种运动是计算得来的，因此这种运动是无意义的。

知道秘密的人中，一些人坦率承认保守秘密是为了发财致富。如果不严肃对待是不公正的。事实上，很少能够完全公平。如果仔细观察是有这种人的。因此我努力不再向人类索求，至少不会立即索求。

另外有一些人说，揭穿秘密很危险。一些人守住秘密是为了不让外国人，不让他们国家的敌人从中受益。这种动机让人质疑。每次人类做了一件有益的事，都可以向自己的朋友公开，因为高尚的动机可以给人带来启迪，但不该告诉那些不采信的人。

另外，如果让人知道这么有用的秘密，怎么又会有危险呢？不被人所知不是更危险吗？如果属于公众，又怎么会找不到辩白的方法呢？假设只有一个国家有炮弹火药，难道不会使其他国家沦为奴隶吗？掌握秘密的人，难道不会成为他们国家绝对的主人吗？为了让秘密有效力，难道可以既保守又传播秘密吗？

由于梅斯梅尔先生对学术会有些不满，因此我们在这里冒昧地讲一个小趣事。某人碰到了无法解决的问题，因此抱怨人们不愿仔细研究。一个学会会员说："研究这些只是白白浪费时间。"这个遇到问题的人就说："让别人研究好了，您看看我的，只有这个还不错。"

梅斯梅尔先生是想让毫无偏见的人相信自己的理论，还是只想说服他的病人？

如果他想使毫无偏见的人信服，要么他的工作室就该向物理学家敞开，要么不要让病人去，只让那些非常想去的人做个见证，做一点很简单但很有说服力的实验；慢慢地，知识渊博的人会因渴望了解真相而陆续到他的工作室。那时他就会听见反对意见，他就会找到消除反对意见的办法。

他只想说服病人吗？除了这样，他别无他法。

为此，我请求梅斯梅尔先生原谅，我从不相信公文夹里的伟大发现，也不相信不去急于证实其真实性的发明，还不相信科学家对抗新发现的阴谋。如果您质疑发明家对真相的虔诚，至少要相信他们的骄傲；他们渴求了解您的发现，也从不怀疑可以比您更快得知更多真相。

附录7　正文中翻译的法文段落

正文中的引文大多来自鲜为人知的资料，读者若错过其法语的风味也很遗憾，所以我将法文原文附录在此，拼写根据现代法语的习惯做了调整。①

第 13 页

On suppose que la nuit du songe de la dame d'Aiguemerre était une nuit d'été, que sa fenêtre était ouverte, son lit exposé au couchant, sa couverture en désordre et que le zéphyr du sud-ouest, dûment imprégné de molécules organiques de foetus humains, d'embryons flottants, l'avait fécondée.

---

① 页码为英文版页码。——编者注

第 16 页

C'est sur les choses qu'on ne peut ni voir, ni palper, qu'il est important de se tenir en garde contre les écarts de l'imagination.

第 17 页

Il a dû en coûter pour convenir que de l'eau ne fût pas de l'eau mais bien de l'air. . . Nous avons un élément de moins.

第 18 页

Les poumons sont dans l'homme et dans les animaux la machine électrique par leur mouvement continuel, en séparant de l'air le feu, lequel s'insinue dans le sang et se porte, par ce moyen, au cerveau qui le distribue, l'impulse et en forme les esprits animaux qui circulent dans les nerfs pour tous les mouvements volontaires et involontaires.

第 20 页

Il est impossible de rendre ce moment ; les femmes en pleurs, tout le peuple levant les mains au ciel et gardant un silence profond ; les voyageurs, le corps en dehors de la galerie, saluant et poussant des cris de joie. On les suit des yeux, on les appelle comme s'ils pouvaient entendcre, et au sentiment d'effroi succède celui de l'admiration ; on ne disait autre chose, sinon, " Grand

Dieu que c'est beau" ; grande musique militaire se faisait entendre, des boîtes annonçaient leur gloire.

第 22 页

Ce furent queleques ouvriers mécontents d'avoir perdu leur journée et de n'avoir rien vu.

Les dieux de l'antiquité porter sur des nuages ; les fables se sont réalisées par les prodiges de la physique.

Les découvertes incroyables qui se multiplient depuis dix ans... les phénomènes de l'électricité approfondis, la transformation des éléments, les airs décomposés et connus, les rayons du soleil condensés, l'air que l'audace humaine ose parcourir, mille autres phénomènes enfin ont prodigieusement étendu la sphère de nos connaissances. Qui sait jusqu'où nous pouvons aller? Quel mortel oserait proscrire des bornes à l'esprit humain...?

第 24 页

L'amour du merveilleux nous séduit donc toujours ; parce que, sentant confusément combien nous ignorons les forces de la nature, tout ce qui nous conduit à quelques découvertes en ce genre est reçu avec transport.

Dans tous nos cercles, dans tous nos soupers, aux toilettes de nos jolies femmes, comme dans nos lycées académiques, il n'est plus question que d'expériences, d'air atmosphérique, de gaz inflammable, de chars volants, de voyages aériens.

第 26 页

Depuis que le goût des sciences a commencé à se répandre parmi nous, on a vu le public s'occuper successivement de physique, d'histoire naturelle, de chimie; et non seulement s'intéresser à leurs progrès, mais encore se livrer avec ardeur à leur étude: il se porte en foule aux écoles où elles sont enseignées; il s'empresse de lire les ouvrages don't elles sont le sujet; il recueille avec avidité tout ce qui lui en rappelle le souvenir; et il y a peu de personnes riches chez lesquelles on ne trouve quelques uns des instruments propres à ces sciences utiles.

aujourd'hui surtout que l'on cherche avec empressement tout ce qui a rapport à quelque découverte.

第 27 页

On n'a plus pour la littérature qu'une froide estime qui approche de l'indifférence, tandis que les sciences... excitent un enthousiasme universel. La physique, la chimie, l'histoire naturelle sont devenues des passions.

第 28 页

Lorsque des phénomènes visibles et frappants dépendent d'une cause insensible et inconnue, l'esprit humain, toujours porté au merveilleux, attribue naturellement ces effets à une cause chimérique.

car je n'aime les vers que lorsqu'ils habillent un peu de physique ou de métaphysique.

第 32 页

une belle occasion. . . pour les naturalistes des deux mondes.

Ces expériences ont tellement renversé les têtes faibles, qu'il n'est pas de jour sans projet plus ou moins extravagant, que l'on cite et que l'on accrédite.

第 33 页

Des remèdes secrets de toute espèce se distribuent journellement, malgré la rigueur des défenses.

philosophes hermétiques, cabalistiques, théosophes, propagant avec fanatisme toutes les anciennes absurdités de la théurgie, de la divination, de l'astrologie etc.

第 38 页

ce langage sentimental qui nous fait communiquer nos pensées d'un pôle à l'autre.

Rien n'est plus lumineux: c'est le vrai système de l'univers, le mobile de toutes choses.

la physique prendrait partout la place de la magie.

Au-dessus de la science est la magie, parce que celle-ci est une suite de l'autre, non comme effet, mais comme perfection de la science.

第 40 页

une épidémie qui a gagné toute la France.

Hommes, femmes, enfants, tout s'en mêle, tout magnétise.

Le magnétisme occupe toutes les tétes. On est étourdi de ses prodiges, et si l'on se permet de douter encore des effets... on n'ose plus nier au moins son existence.

Le grand objet des entretiens de la capitale est toujours le magnétisme animal.

on ne s'occupe que du magnétisme animal...

第 42 页

Il ［Pilâtre］ fut sourd à ma voix, et, comme un autre Cassandre, je criai dans le désert.

第 55 页

Enfin, le célèbre auteur de la découverte du magnétisme animal a fait pour l'amour, ce que Newton fit pour le système du monde.

démon dont je suis possédé; c'est ce coquin de Mesmer qui m'a ensorcelé.

第 59 页

Aucun événement, pas même la Révolution, ne m'a laissé des lumières aussi vives que le magnétisme.

第 60 页

Quant à l'électricité, j'ai une machine électrique qui m'amuse extrêmement tous ces jours; mais elle m'étonne bien davantage; jamais les effets du magnétisme ne m'ont autant frappé: si quelque chose achève de me confirmer l'existence d'un fluide universel, agent unique par les diverses modifications de tant de phénomènes divers, ce sera ma machine électrique. Elle me parle le même langage que Mesmer sur la nature, et je l'écoute avec ravissement.

Car enfin qui sommes-nous, Monsieur, dans nos sentiments les plus exquis, comme dans nos plus vastes pensées, qui sommes-nous sinon une orgue plus ou moins admirable, composée de plus ou moins de jeux, mais dont le soufflet ne fut et ne sera jamais ni dans la glande pinéale de Descartes, ni dans la substance médullaire de la (illegible name), ni dans le diaphragme où l'ont placé certains rêveurs, mais dans le principe même qui meut tout l'univers. L'homme avec sa liberté ne marche qu'à la cadence de toute la nature, et toute la nature ne marche qu'à celle d'une cause unique; et quelle est cette cause unique sinon un fluide vraiment universel et qui pénètre la nature entière?

第 62 页

. . . sera bientôt la seule médecine universelle.

Jamais le tombeau de Saint Médard n'attira plus de monde et n'opéra des choses plus extraordinaires, que le mesmérisme. Il mérite enfin l'attention du gouvernement.

第 65 页

cet arme d'un effet si sûr parmi nous.

Magistrat, mais élève de M. Mesmer, si ma position personelle ne me permet plus de lui prêter directement le secours des lois, au moins lui dois-je, au nom de l'humanité, sur sa personne et sur sa découverte, un témoignage public de mon admiration et de ma reconnaissance, et je le donne.

第 66 页

Elle résiste même aux traits les plus sanglants du ridicule. Si la capitale s'égaie des scènes vraiment très comiques du baquet, la province les a prises au sérieux : là sont les adeptes vraiment chauds.

Vous ne sauriez croire quels progrès rapides fait dans cette ville le magnétisme. Tout le monde s'en mêle.

第 67 页

J'ai employé beaucoup de moyens pour être instruit... et j'ai acquis la conviction non seulement de l'existence mais de l'utilité de cet agent ; et comme je suis animé du désir de procurer à notre bonne ville tous les avantages possibles, j'ai conçu à cet égard quelques vues que je vous communiquerai quand elles seront un peu digérées.

第 70 页

Jetez, mes frères, les yeux sur le tableau harmonique de l'Ordre, qui convre ce mystérieux baquet. C'est la Table Isiaque, une des antiquités des plus remarquables, où le mesmérisme se voit dans tout son jour, dans l'écriture symbolique de nos premiers pères en magnétisme animal et dont les seuls mesmériens ont la clef.

Il est certain que jamais les rose-croix, les adeptes, les prophètes et tout ce qui s'y rapporte, ne furent aussi nombreux, aussi écoutés. La conversation roule presque uniquement sur ces matières ; elles occupent toutes les têtes ; elles frappent toutes les imaginations... En regardant autour de nous, nous ne voyons que des sorciers, des adeptes, des nécromanciens et des prophètes. Chacun a le sien, sur lequel il compte.

第 73 页

des personnes de tous les rangs, unies par le même lien.

Que la fierté des gens de haut rang soit choquée du mélange d'états et de conditions que l'on trouve chez moi cela ne m'étonnes pas; mais je n'y sais rien. Mon humanité est de tous les rangs.

Les portes se ferment; on se place par ordre de souscription; et le petit bourgeois qui se croit pour un moment l'égal d'un cordon bleu, oublie ce que va lui coûter un siège de velours cramoisi bordé de l'or.

48 personnes, parmi lesquelles on compte 18 gentilshommes presque tous d'un rang éminent; 2 chevaliers de Malte; un avocat d'un mérite rare; 4 médecins; 2 chirurgiens, 7 à 8 banquiers ou négociants ou qui l'ont été; 2 ecclésiastiques; 3 moines.

第 74 页

respect aveugle qui est dû au gouvernement: n'avons-nous pas dit que tout action, même toute pensée qui tend à troubler l'ordre de la société, était contraire à l'harmonie de la nature...

seigneur du château, sans apprêt, comme sans inquiétude ne paraît que pour maintenir l'ordre et recevoir l'hommage.

第 76 页

On me demanda des règlements pour cette société, à laquelle

on donna d'abord, bien malgré moi, la ridicule dénomination de *loge.*

第 77 页

il y a bien des aimables de Paris qui aimeraient autant *Bergassiser* que *mesmériser.*

第 78 页

J'ai renversé toutes les bases de son système et j'ai élevé sur les ruines de ce système un édifice, je crois, beaucoup plus vaste et plus solidement construit.

la morale universelle, sur les principes de la législation, sur l'éducation, les moeurs, les arts etc.

第 79 页

Bergasse ne me cacha pas qu'en élemant un autel au magnétisme, il n'avait en vue que d'en élever un à la liberté. "Le temps est arrivé, me disait-il, où la France a besoin d'une révolution. Mais vouloir l'opérer ouvertement, c'est vouloir échouer; il faut, pour réussir, s'envelopper du mystère; il faut réunir les hommes sous prétexte d'expériences physiques, mais, dans la vérité, pour renverser le despotisme." Ce fut dans cette vue qu'il forma dans la maison de Kornmann, où il demeurait, une société composée des hommes qui annonçaient leur goût pour les innovations politiques. De ce nombre étaient Lafayette, Deprémesnil [*sic*], Sabathier etc. Il y avait une autre société moins nombreuse d'écrivains qui employaient leur plume à préparer cette révolution. C'était dans les dîners qu'on agitait les questions les plus importantes. J'y prêchais la république; mais, à l'exception de Clavière, personne ne la goûtait. Deprémesnil ne voulait *débourbonailler* la France (c'était son mot) que pour y faire régner le Parlement. Bergasse voulait un roi et les deux chambres, mais il voulait surtout faire le plan seul, et que ce plan fût regoureusement exécuté: sa manie était de se croire un Lycurgue.

On ne peut disconvenir que les efforts de Bergasse et ceux de la société qui se rassemblait chez lui n'aient singulièrement contribué à accélérer la Révolution. On ne peut calculer toutes les brochures sorties de son sein. C'est de ce foyer que partirent presque tous les écrits publiés en 1787 et 1788 contre le ministère, et il faut rendre justice à Kornmann: il consacra une partie de sa fortune à ces publications. On en dut plusieurs à Gorsas, qui essayait alors la plume satirique avec laquelle il a si souvent déchiré le monarchisme, l'autocratie, le feuillantisme et l'anarchie. Carra se distinguait aussi dans ces combats, auxquels je pris quelque part.

第 84 页

［Vous］exercez sans cesse le despotisme le plus complet dont l'homme soit capable... Vous devenez des souverains absolus chez le peuple malade.

On vous l'a dit cent fois: en criant contre le despotisme, vous en êtes les plus fermes appuis, vous en exercez vous-mêmes un révoltant.

Il importe d'y maintenir, comme un moyen constant de civilisation, tous les préjugés qui peuvent rendre la médecine respectable... Le corps des médecins est un corps politique, dont la destinée est liée avec celle de l'Etat... Ainsi dans l'ordre social, il nous faut absolument des maladies, des drogues et des lois, et les distributeurs des drogues et des maladies influent peut-être autant sur les habitudes d'une nation que les dépositaires des lois. la politique de l'Etat, auquel il importe de conserver ces deux corps.

第 85 页

la destruction de cette science fatale, la plus ancienne superstition de l'univers, de cette médecine tyrannique qui, saisissant l'homme dès le berceau, pèse sur lui comme un préjugé religieux.

第 86 页

rappela l'autorité à sa circonspection et à sa prudence ordinaires ;
et dès ce moment le magnétisme et son auteur n'eurent plus de
persécution publique à redouter.

En 1780 a commencé à Paris la vogue du magnétisme. La
police avait à prendre sur cette pratique ancienne. . . par rapport à
la pratique des moeurs. . . Le gouvernement n'y opposa ［ que ］ de
l'indifférence pendant la vie de M. de Maurepas. Cependant
quelque temps après sa mort , la police fut avertie par des lettres
anonymes que l'on tenait dans les assemblées des magnétiseurs ,
des discours séditieux contre la religioin et contre le
gouvernement. L'un des ministres du Roi proposa alors sur la
dénonciation de la police de renvoyer hors du royaume l'étranger
Mesmer. . . D'autres ministres furent d'avis , et plus écoutés , que
c'était au Parlement que devaient être poursuivies toutes sectes et
assemblées illicites , immorales , irréligieuses. Je fus chargé de
provoquer le procureur général. Ce magistrat me répondit que s'il
portait sa plainte contre les assemblées du magnétisme à la Grande
Chambre , elle serait renvoyée aux chambres assemblées où il se
trouverait des partisans et protecteurs du magnétisme. Il ne fut
donc aucune poursuite.

第 88 页

Que pensera Washington quand il saura que vous êtes devenu le premier garçon apothicaire de Mesmer?

Un docteur allemand, nommé Mesmer, ayant fait la plus grande découverte sur le magnétisme animal, a formé des élèves, parmi lesquels votre humble serviteur est appelé l'un des plus enthousiastes. —J'en sais autant qu'un sorcier en sut jamais... Avant de partir, j'obtiendrai la permission de vous confier le secret de Mesmer, qui, vous pouvez y croire, est une grande découverte philosophique.

第 89 页

On trouve du plaisir à descendre, tant qu'on croit remonter dès qu'on veut; et, sans prévoyance, nous goûtions tout à la fois les avantages du patriciat et les douceurs d'une philosophie plébéienne.

第 91 页

L'empire des sciences ne doit connaître ni despotes, ni aristocrates, ni é lecteurs. Il offre l'image d'une république parfaite. Là, le mérite est le seul titre pour y être honoré. Admettre un despote, ou des aristocrates, ou des électeurs... c'est violer la nature des choses, la liberté de l'esprit humain; c'est attenter à l'opinion publique, qui seule a le droit de couronner le génie; c'est introduire un despotisme révoltant.

第 92 页

Vous savez, mon très cher, la place que vous occupez dans mon coeur.

Les âmes franches et droites comme la vôtre ne connaissent pas toutes les routes tortueuses des satellites d'un despote, ou plutôt elles les dédaignent.

第 94 页

On a besoin du zèle d'un ami quand on a à combattre une si puissante faction.

Je m'occuperai de M. Mesmer, et vous en rendrai bon compte. Mais ce n'est pas l'affaire du moment. Vous savez combien j'aime à examiner les choses, et à les examiner avec soin avant de prononcer.

courageusement renversé l'idole du culte académique, et substitué au système de Newton sur la lumière de faits bien prouvés.

第 95 页

Je viens vous donner une leçon, Messieurs, j'en ai le droit; je suis indépendant et il n'est aucun de vous qui ne soit esclave: je ne tiens à aucun corps, et vous tenez au vôtre; je ne tiens à aucun préjugé, et vous êtes enchainés par ceux de votre corps, par ceux de toutes les personnes en place que vous révérez bassement comme des Idoles, quoique vous les méprisez en secret.

第 96 页

Un fait extraordinaire est un fait qui ne se lie point à la chaîne de ceux que nous connaissons ou des lois que nous avons fabriquées. Mais devons-nous croire que nous les connaissons tous?

... portait le peuple, les malheureux dans son coeur. Mais moi qui suis père et qui crains les médecins, j'aime le magnétisme parce qu'il m'identifie avec mes enfants. Quelle douceur pour moi... quand je les vois obéissants à ma voix intérieure, se courber, tomber dans mes bras et goûter le sommeil! L'état de mère nourrice est un état de magnétisme perpétuel. Nous pères infortunés que les affaires traînent, nous ne sommes presque rien pour nos enfants; par le magnétisme nous devenons pères encore une fois. Voilà donc un nouveau bien, créé dans la société, et elle en a tant besoin!

lueurs sublimes... au-delà dde notre globe, dans un meilleur monde.

presque tous les vrais philosophes, et surtout Rousseau. Lisez ses Dialogues avec lui-même. Ils semblent écrits dans un autre monde. L'auteur qui n'existe que dans celui-ci, qui n'en a jamais franchi les limites, n'en écrirait pas deux phrases.

第 97 页

Ne voyez-vous pas, par exemple, que le magnétisme est un moyen de rapprocher les états, de rendre les riches plus humains, d'en faire de vrais pères aux pauvres? Ne seriez-vous pas édifié en voyant des hommes du premier rang... veiller sur la santé de leurs domestiques, passer des heures entières à les magnétiser.

cherché à enflammer le gouvernement contre les partisans du magnétisme.

Je crains bien que l'habitude du despotisme n'ait ossifié vos âmes. bas parasites oppresseurs de la patrie viles adulateurs... des grands, des riches, des princes demi-talents qui se mettent perpétuellement en avant et repoussent le vrai talent qui se cache.

Si sur votre chemin se trouve un de ces hommes libres, indépendants... vous le louez, vous le plaignez, mais vous faites entendre que sa plume est dangereuse, que le gouvernement l'a proscrite, que sa proscription pouvait entraîner celle du journal.

pour de l'argent vous amusez donc les femmes de bon ton et les jeunes gens ennuyés qui prennent une leçon de littérature ou d'histoire comme une leçon de danse et d'escrime.

第 98 页

C'est là surtout que vous avez déployé votre esprit d'intrigue, votre despotisme impérieux, vos manoeuvres auprès des grands et des femmes.

第 99 页

C'est un génie créateur; il explique tout par la force centrifuge, jusqu'à l'odeur d'une fleur.

des absurdités et les rêveries d'un imbécile.

Excepté quelques hommes privilégiés de la nature et de la raison, les autres ne sont pas faits pour me comprendre.

des crocodiles monstrueux, vomissant des flammes de tous côtés: leurs yeux sont rouges de sang: ils tuent de leur seul regard.

第 100 页

purger cette même terre des monstres qui la dévorent.

第 101 页

d'ouvrir au mérite la voie des dignités, des honneurs.

Quel foyer puissant que celui de l'ambition! Heureux l'Etat où, pour être le premier, il ne faut qu'être le plus grand en mérite.

Il faut nous rendre notre liberté; il faut nous ouvrir toutes les carrières.

第 102 页

On sait quelle est ma fortune, on n'ignore pas qu'elle me met au-dessus de toute espèce de besoins, qu'elle me rend absolument indépendant.

Avant qu'il ait plu à ce bon peuple de vouloir être libre, j'avais un capital de cinq à six mille livres de rente et de plus un intérêt dans la maison de mes frères me rapportant annuellement dix mille livres et devant par la suite me rapporter davantage.

第 103 页

En général tous les privilèges exclusifs ont favorables à quelques genres d'aristocratie ; il n'est que le Roi et le peuple dont l'intérêt constant soit général.

Il faut être bien antérieur au quatorzième siècle pour prétendre exercer près du trône cet aristo cratisme qui détermine dans quel ordre le Roi doit choisir les serviteurs de sa maison et de son armée.

第 104 页

En essayant ainsi d'ôter aux prétensions de l'antique aristocratie l'influence plus lucrative que le pouvoir passé, comment espérez vous réussir?

Vous n'aurez pour vous que la loi, le peuple et le Roi.

第 108 页

Les mêmes effets ont lieu, à chaque instant, dans la société, et l'on ne s'est pas encore avisé, je pense, d'y attacher cette importance, parce qu'on n'a pas encore assez lié le moral au physique.

car le grand système physique de l'univers qui régit le système moral et politique du genre humain, est lui-même une véritable république.

第 110 页

Celui-ci n'est plus un roi; celui-là est toujours un berger; ou pour mieux dire ceux ne sont plus que deux hommes dans le véritable état d'égalité, deux amis dans le véritable état de société. La différence politique a disparu... La nature, l'égalité ont réclamé tous leurs droits... C'est à vous, mes semblables, mes frères... à diriger, sur ce plan la marche de votre volonté particulière pour en conduire le résultat au centre du bonheur commun.

Le globe entier semble se préparer, par une révolution marquée dans la marche des saisons, à des changements physiques... La masse des sociétés s'agite, plus que jamais, pour débrouiller enfin le chaos de sa morale et de sa législation.

第 111 页

Il affectait alors de porter la doctrine du magnétisme animal au plus haut degré d'illumination ; il y voyait tout la médecine, la morale, l'économie politique, la philosophie, l'astronomie, le passé, le présent à toutes les distances et même le futur ; tout cela ne remplissait que quelques facettes de sa vaste vision mesmérienne.

Il viendra sans doute un temps, où l'on sera convaincu que le grand principe de la santé physique est l'égalité entre tous les êtres, et l'indépendance des opinions et des volontés.

第 112 页

Quand le plus fervent apôtre du magnétisme, M. Bergasse, a pulverisé votre rapport dans *ses profondes considérations*, vous avez dit : c'est une tête exaltée.

écraser l'homme de génie indépendant. Mais on le loue en le peignant ainsi, car dire qu'un homme est exalté, c'est dire que ses idées sortent de la sphère des idées ordinaires, qu'il a des vertus publiques sous un gouvernement corrompu, de l'humanité parmi des barbares, du respect pour les droits de l'homme sous le despotisme. . . Et tel est dans la vérité le portrait de M. Bergasse.

第 113 页

une science nouvelle, celle de l'influence du moral sur le

physique.

Quoi! ces phénomènes physiques et moraux que j'admire tous les jours sans les comprendre, ont pour cause le même agent... Tous les êtres sont donc mes frères et la nature n'est donc qu'une mère commune!

第 114 页

qui s'unit par des fibres aussi nombreuses que déliées à tous les points de l'univers... C'est par cet organe que nous nous mettons en harmonie avec la nature.

des règles simples pour juger les institutions auxquelles nous sommes asservis, des principes certains pour constituer la législation qui convient à l'homme dans toutes les circonstances données.

第 115 页

Rien ne s'accorde mieux avec les notions que nous nous sommes faites d'un Etre suprême, rien ne prouve plus sa sagesse profonde, que le monde formé en conséquence d'une idée unique, mû par une seule loi.

L'attraction est une vertu occulte, une propriété inhérente, on ne sait comment, dans la matière.

Il existe un principe incréé: Dieu. Il existe dans la Nature deux principes créés: la matière et le mouvement.

Le magnétisme animal, entre les mains de M. Mesmer, ne paraît autre chose que la nature même.

第 116 页

Il en résulte que le mouvement est imprimé par Dieu, ce qui est incontestable et une réponse aussi simple que forte contre l'athéisme.

第 117 页

Je m'y sentais plus près de la nature... O nature, m'écriais-je dans ces accès, que me veux-tu?

transmettre à l'humanité dans toute la pureté que je l'avais reçu de la Nature, le bienfaisant inappréciable que j'avais en main.

Sans cesse ils insistaient sur la félicité des premiers ages, sur les préjugés, la corruption du monde actuel, sur la nécessité d'une révolution, d'une réforme générale.

第 118 页

Nos propos ont eté plus graves lorsqu'il s'est jeté sur l'article des moeurs et de la constitution actuelle des gouvernements... Nous touchons, a-t-il ajouté, à quelque grande révolution.

Vous n'êtes pas la première qui m'ayez trouvé quelques ressemblances avec votre bon ami Jean-Jacques. Seulement il y a quelques principes qu'il n'a pas connus, et qui l'eussent rendu moins malheureux.

Par le mot société il ne faut pas entendre la société telle qu'elle existe maintenant... mais la société telle qu'elle doit être, la société naturelle, celle qui résulte des rapports que otre organisation bien ordonnée doit produire... La règle de la société est l'harmonie.

M. Bergasse pour parler de la constitution et des droits de l'homme, nous faisait remonter aux temps de la Nature, à l'état sauvage.

第 120 页

Tout changement, toute altération dans notre constitution physique, produisent donc infailliblement un changement, une altération dans notre constitution morale. Il ne faut donc quelquefois qu'épurer ou corrompre le régime physique d'une nation pour opérer une révolution dans ses moeurs.

第 121 页

Nous devons à nos institutions presque tous les maux physiques auxquels nous sommes en proie.

Nous n'appartenons presque plus à la nature... L'enfant qui naît aujourd'hui appartenant à une organisation modifiée depuis plusieurs siècles par les habitudes... de la société, doit toujours porter en lui des germes de dépravation plus ou moins considérables.

C'est surtout à la campagne et dans la classe de la société la plus malheureuse et la moins dépravée que seront d'abord recueillis les fruits de la découverte que j'ai faite ; c'est là qu'il est aisé de replacer l'homme sous l'empire des lois conservatrices de la nature.

L'homme du peuple, l'homme qui vit aux champs, quand il est malade, guérit plus vite et mieux que l'homme qui vit dans le monde.

第 122 页

En harmonie avec lui-même, avec tout ce qui l'environne, il se déploie dans la nature, si l'on peut se servir de ce terme, et c'est le seul terme dont on puisse se servir ici, comme l'arbrisseau qui étend des fibres vigoureuses dans un sol fécond et facile.

第 123 页

l'indépendance primitive dans laquelle la Nature nous a fait naître.

un moyen d'énerver l'espèce huamine, de la réduire à n'avoir que le degré de force nécessaire pour porter avec docilité le joug des institutions sociales.

第 124 页

une institution qui appartient autantà la politique qu'à la nature.

Si par hasard le magnétisme animal existait... à quelle révolution, je vous le demande, Monsieur, ne faudrait-il pas nous attendre? Lorsqu'à notre génération épuisée par des maux de toute espèce et par les remèdes inventés pour la délivrer de ces maux, succéderait une génération hardie, vigoureuse, et qui ne connaîtrait d'autres lois pour se conserver, que celles de la Nature: que deviendraient nos habitudes, nos arts, nos coutumes... Une organisation plus robuste nous rappelerait à l'indépendance; quand avec une autre constitution, il nous faudrait d'autre moeurs, ... comment pourrions nous supporter le joug des institutions qui nous régissent aujourd'hui?

第 131 页

que la révolution politique de la France est purement initiatoire d'une révolution religieuse, morale, politique et universelle dans toute la terra.

Les sectes d'illuminés augmentent, au lieu de diminuer; peut-être n'est-ce qu'un résultat des circonstances politiques de la France, qui rallie à leur doctrine mystérieuse les hommes mécontents du nouvel ordre des choses, et qui espèrent y trouver des moyens de le détruire.

第 132 页

Dieu est le cerveau matériel et intellectuel du grand animal unique, du Tout, dont l'intelligence est un fluide réel, comme la lumière, mais encore plus subtil, puisqu'il ne contacte aucun de nos sens externes, et qu'il n'agit que sur le sens intérieur.

第 133 页

répandre enfin les principes de cette divine harmonie qui doit faire concerter la Nature avec la Société.

Leur force motrice, cachée, fondamentale, vous apprendra que la *parole libre* et *pure*, image ardente de la vérité, saura tout éclairer par sa chaleur active, tout *aimanter* par sa puissance *attractive*, *électriser* d'excellents *conducteurs*, *organiser* les hommes, les nations et l'univers.

第 134 页

Quelle est cette harpe divine, entre les mains du Dieu de la nature, dont les cordes universelles, attachées à tous les coeurs, les lient et les relient sans cesse? C'est la vérité. Aux plus faibles sons qui lui échappent toutes les nations deviennent attentives, tout ressent la divine influence de l'harmonie universelle.

第 137 页

Telle est, mes amis, la doctrine que je voulais vous exposer avant de mourir... Telle est *ma Religion*... et je permettrai aux tyrans d'envoyer ma *monade* se prosterner devant l'ETERNEL. Valete et me amate. 10 juin 1793.

第 138 页

Le fluide magnétique n'est autre chose que l'homme universel lui-même, ému et mis en mouvement par une de ses émanations.

Ce qu'il y a de plus bizarre, c'est que le général Bonaparte partant pour sa première coampagne d'Italie, voulut se faire prédire, par le somnambuliste Mally-Châteaurenaud le sort qui l'attendait à l'armée... Bonaparte crut que la bataille de Castiglione réalisait la prédiction du somnambuliste qu'il fit rechercher avec soin avant son départ pour l'Egypte.

第 143 页

Il faut jeter au feutoutes les théories politiques, morales et économiques, et se préparer à l'événement le plus étonnant... AU PASSAGE SUBIT DU CHAOS SOCIAL A L'HARMONIE UNIVERSELLE.

Je reconnus bientôt que les lois de l'Attraction passionnée étaient en tout point conformes à celles de l'Attraction matérielle, expliquées par Newton et Leibnitz, et qu'il y avait UNITE DE SYSTEME DE MOUVWMENT POUR LE MONDE MATERIEL ET POUR LE MONDE SPIRTUEL.

第 144 页

Mais si la découverte est l'ouvrage d'un inconnu, d'un provincial ou paria scientifique, d'un de ces intrus qui ont comme Prion le tort de n'être pas même académiciens, il doit encourir tous les anathèmes de la cabale.

第 145 页

M. VINAQUIN—Assurément. Demandez à la table, c'est-à-dire à l'esprit qui est dedans; il vous dira que j'ai au-dessus de la tête un tuyau immense de fluide qui monte de mes cheveuz jusqu'auz astres; c'est une *trompe aromale* par laquèle la voiz des esprits de Saturne vient jusqu'à mon oreille... LA TABLE (frapant vivement du pié) —Oui, oui, oui. Trompe aromale. Canal. Trompe aromale. Canal. Canal. Canal. Canal. Oui.

第 146 页

M. Owen, le socialiste célèbre... qui a été jusqu'ici matérialiste dans toute la force du mot, a été parfaitement converti à la croyance de l'immortalité par les conversations qu'il a eues avec des personnes de sa famille mortes depuis des années.

que l'objet des manifestations générales actuelles est de réformer la population de notre planète, de nous convaincre tous de la vérité d'une autre vie, de nous rendre tous sincèrement charitables.

第 147 页

Il sera prouvé enfin, par les principes qui forment le système des influences ou du magnétisme animal, combien il est important pour l'harmonie physique et morale de l'homme de s'assembler fréquemment en sociétés nombreuses... où toutes les intentions et les volontés soient dirigées vers un et même objet, surtout vers l'ordre de la nature, en chantant, en priant ensemble; et que c'est dans ces situations que l'harmonie qui commence à se troubler dans quelques individus peut se rétablir et que la santé se raffermit.

第 148 页

Nos savants ne voulaient point de magnétismem, comme d'autres hommes point de liberté... [mais] les anneaux de la chaîne despotique que la science n'avait point voulu rompre ont volé en éclats.

Réjouissez-vous magnétiseurs, voici l'aurore d'un bel et grand jour.. O Mesmer! toi qui aimais la république... tu pressentais les temps; mais... tu ne fus point compris.

第 150 页

La science n'est donc pas un vain mot comme la vertu! Mesmer a vaincu Brutus.

第 151 页

le fantastique, le mystérieux, l'occulte, l'inexplicable.

Voltaire, des Encyclopédistes tombe; qu'on se lasse enfin de tout, surtout de raisonner froidement; qu'il faut des jouissances plus vives, plus délicieuses, du sublime, de l'incompréhensible, du surnaturel.

第 153 页

Il voulait être un grand homme et il le fut par d'incessantes projections de ce fluide plus puissant que l'électricité, et dont il fait de si subtiles analyses dans *Louis Lambert*.

第 154 页

Il existe un fluide magnétique très subtil, lien chez l'homme entre l'âme et le corps; sans siège particulier, il circule dans tous les nerfs qu'il tend et détend au gré de la volonté. Il est l'esprit de la vie; sa couleur est celle de l'étincelle électrique... les regards, ces rayonnements de l'esprit de vie, sont la chaîne mystérieuse qui, à travers l'espace, relie sympathiquement les âmes.

La volonté, nous disait un jour H. de Balzac, est la force motrice du fluide impondérable, et les membres en sont les agents conducteurs.

la doctrine de Mesmer, qui reconnaissait en l'homme l'existence d'une influence pénétrante... mise en oeuvre par la volonté, curative par l'abondance du fluide.

Le magnétisme animal, aux miracles duquel je me suis familiarisé depuis 1820; les belles recherches de Gall, le continuateur de Lavater, tous ceux qui depuis cinquante ans ont travaillé la pensée comme les opticiens ont travaillé la lumière, deux choses quasi semblables, concluent et pour les mystiques, ces disciples de l'apôtre Saint Jean, et pour les grands penseurs qui ont établi le monde spirituel.

第 156 页

fluide insaisissable, base des phénomènes de la volonté humaine, et d'où résultent les passions, les habitudes, les formes du visage et du crâne.

第 157 页

la science, sous prétexte de merveillosité, s'est soustraite au devoir scientifique, qui est de tout approfondir.

第 162 页

Sur terre je vous respectais, mais ici nous sommes égaux.

第 164 页

S'il faut être jugé, que ce soit donc par un public éclairé et impartial: c'est à son tribunal que j'en appelle avec confiance, ce tribunal suprême dont les corps scientifiques eux-mêmes sont forcés de respecter les arrêts.

C'est au public que j'en appelle.

第 165 页

Paris est plein de jeunes gens qui prennent quelque facilité pour du talent, de clercs, commis, avocats, militaires, qui se font auteurs, meurent de faim, mendient même, et font des brochures.

译后记

罗伯特·达恩顿教授是美国著名的文化史家，1939 年生于纽约，1960 年毕业于哈佛大学，1964 年获牛津大学博士学位，1968 年起先后在普林斯顿大学和哈佛大学执教，曾担任美国历史协会会长，现为哈佛大学图书馆馆长。他从 1960 年代开始发表法国 18 世纪史方面的论著，此后著述不断，20 世纪八九十年代尤多。

达恩顿教授是英语世界最重要的法国史学者之一，但其治史方法与柯布（Richard Cobb）等政治社会史家不同，又有别于盖伊（Peter Gay）等思想史家，长于以小见大、自下而上，选取新颖别致的切入点，以大量史料为依据，勾勒 18 世纪末期的观念变迁与集体心态，形成其独特的治史风格，影响颇大。1960 年代末期，他发现瑞士小城纳沙泰尔（Neuchatel）藏有数万封大革命前后的书信。此后数十年他以这些宝贵史料为基础撰写了多部著作，成为首屈一指的书籍史/阅读史专家。

《催眠术与法国启蒙运动的终结》是达恩顿教授第一部法国史论著，以历来为史家所忽略的催眠术这一当时的科学时尚为切入点，通过大量书信、手稿、手册、报刊等史料，追寻催眠术运动在法国大革命前后的变迁轨迹，探讨催眠术与激进思想、政治运动、民众心态、启蒙运动的终结之间的关联，为揭示法国大革命爆发的起因提供了一个全新的视角，迄今仍是法国史领域内的重要作品。该书出版时间与金兹伯格《夜间的战斗》及汤普森《英国工人阶级的兴起》相近，可以说都是微观史/新文化史的奠基之作，在史学方法上仍有其重要意义。

达恩顿教授之名现已为中国学界所知，其《启蒙运动的生意》《屠猫记》皆有中文译本，史学界亦有专文介绍、评述其史学著作与治史方法。本书的译介出版，相信于史学界有所裨益。他的作品描述性很强，文笔鲜活流畅，而且引证详尽，所涉史料多有鲜为人知者，全书虽篇幅不长，翻译起来却是个很大的考验。如有错讹不当之处，请读者朋友多多指正。

本书标题中的"催眠术"（mesmerism）一词，源自其始创者梅斯梅尔（Mesmer）的名字，现在读者一般会从心理学的角度去理解，在当时却是一场科学甚至政治运动的名称，在其名下常会纳入当时的科学发现（动物磁力学）和政治主张。若译为"梅斯梅尔主义"当更加准确，但考虑到"梅斯梅尔"一词中文读者恐不知所云，故译为"催眠术"。"mesmerist"则根据具体上下文，若指治疗疾病者，则译为"催眠师"（虽然其治疗方法不仅仅是催眠）；若指梅斯梅尔的追随者、该运动的倡导者或持相应政治观点者，则译为"梅斯梅尔主义者"。脚注中的文献来源一律保留原文，以利读者查阅；专有名词，原书中有的是法文原文，有的则由作者自己译成了英文，翻译时无论其是否为中文读者所详，皆一律在文后括号内标注原文，以免同一概念在不同语言间因周转过频造成误解。

在本书翻译过程中，姜进教授就书中部分观点、文句的理解提出了重要意见；王春慧博士翻译了本书附录中的法语，并审校了书中的法语词句；研究生向芬就法语的翻译和录入提供了帮助；书中一处拉丁文的翻译得到了一位不知名的意大利网友的协助；人名翻译参照《世界人名翻译大辞典》，地名翻译参照《外国地名译名手册》，谨此致谢。

周小进

于上海

图书在版编目（CIP）数据

催眠术与法国启蒙运动的终结／（美）罗伯特·达恩顿（Robert Darnton）著；周小进译. －－北京：社会科学文献出版社，2021.4

书名原文：Mesmerism and the End of the Enlightenment in France

ISBN 978 - 7 - 5201 - 7830 - 3

Ⅰ.①催…　Ⅱ.①罗…②周…　Ⅲ.①催眠术 - 研究②启蒙运动 - 研究 - 法国　Ⅳ.①B841.4②B565.2

中国版本图书馆 CIP 数据核字（2021）第 032268 号

催眠术与法国启蒙运动的终结

著　　者／〔美〕罗伯特·达恩顿（Robert Darnton）
译　　者／周小进

出 版 人／王利民
责任编辑／李期耀

出　　版／社会科学文献出版社
　　　　　地址：北京市北三环中路甲 29 号院华龙大厦　邮编：100029
　　　　　网址：www.ssap.com.cn
发　　行／市场营销中心（010）59367081　59367083
印　　装／三河市东方印刷有限公司

规　　格／开 本：889mm × 1194mm　1/32
　　　　　印 张：7.875　字 数：163 千字
版　　次／2021 年 4 月第 1 版　2021 年 4 月第 1 次印刷
书　　号／ISBN 978 - 7 - 5201 - 7830 - 3
著作权合同
登 记 号／图字 01 - 2021 - 1251 号
定　　价／79.00 元